スキを突く経営

面白家電のサンコーはなぜウケるのか

山光博康
Yamamitsu Hiroyasu

インターナショナル新書 103

サンコーが販売してきたアイテム

『仰向けゴロ寝デスク2』(2019年) ￥4,980

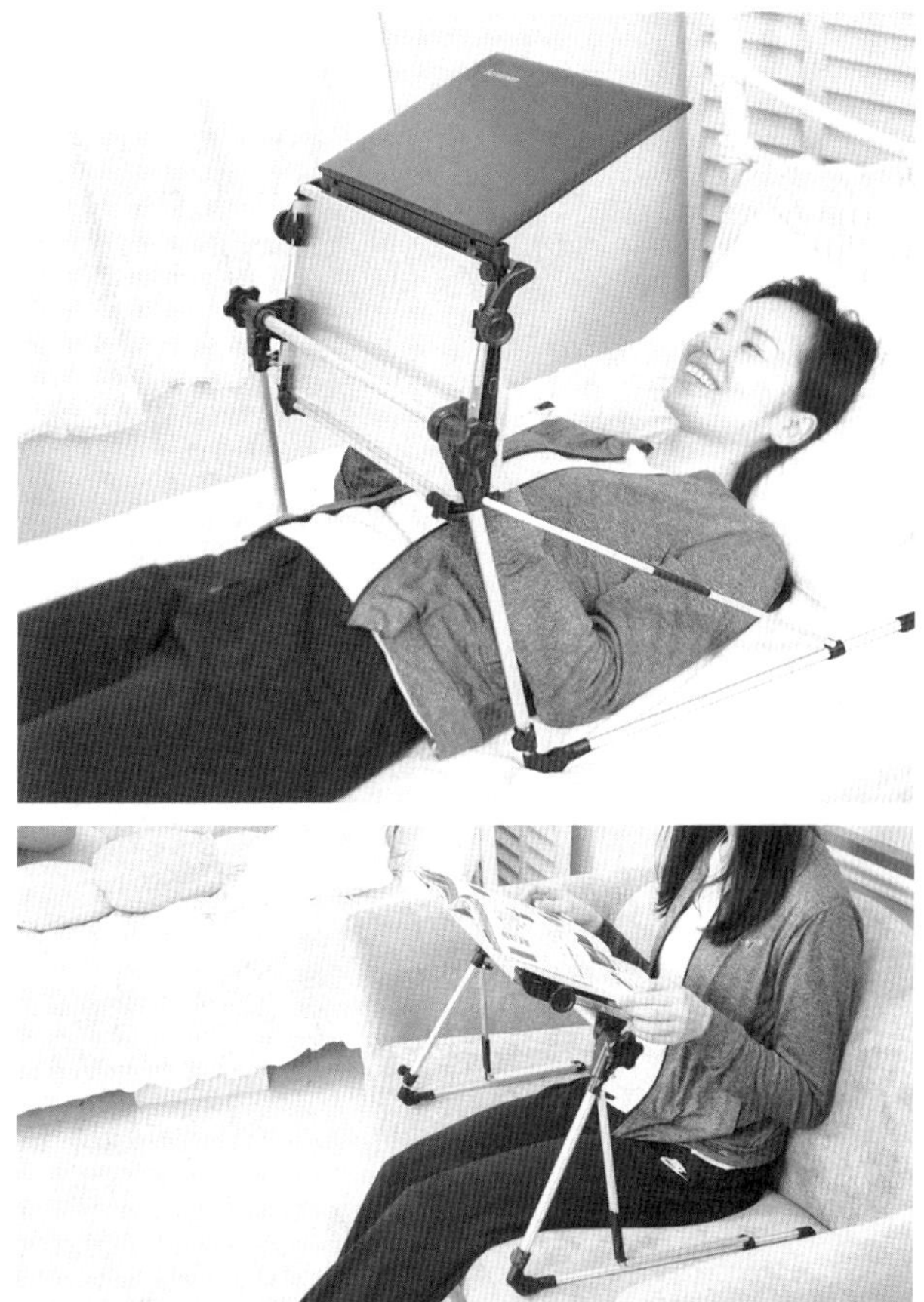

ベッドに仰向けで寝ながらタブレットやノートパソコンが操作できるというズボラな人向けアイテム。天板の角度を変えるとソファでも使用できる(写真下)。2005年発売の初代から改良が加えられ、現行品で17代目となる人気商品になった。

『バケツランドリー』(2021年) ¥8,480

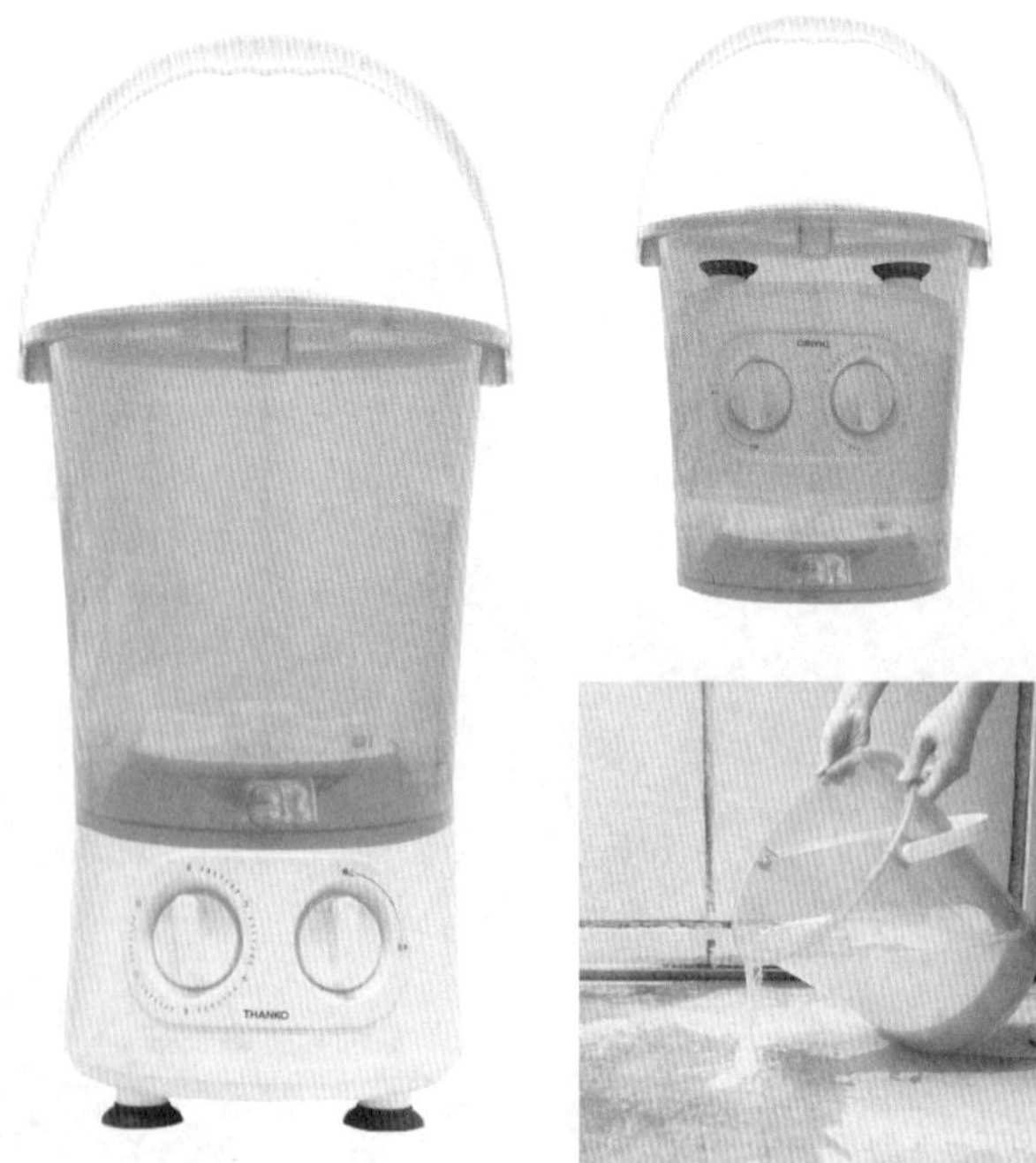

バケツサイズのコンパクト洗濯機。泥汚れ、雑巾、ペット服など、洋服とは別洗いしたいときなどに活躍する。70℃までの温水対応なので、油汚れもお湯で強力洗浄可能。給排水はバケツ部分を取り外してシンクやベランダで行う仕組みになっており、収納時は本体をバケツ内にしまうことができる。サンコーのバケツサイズの小型洗濯機は2017年に発売して以来、根強い人気がある。

『まかせ亭』(2019年) ¥5,980

カップ麺を自動で作ってくれるという自動カップ麺メーカー。本機に水を入れてその下にカップ麺をセット。ボタンを押すだけで、全自動でアツアツ食べ頃に調理してくれる。高さを60～130㎜の間で調整可能で、お湯の量は600㎖まで沸かせるので、さまざまなカップ麺に対応する。

『腰ベルトファンLite』(2021年) ￥1,680

腰のベルトに取りつけるタイプの小型の扇風機。シャツの内側に風を送り続けられる。静音であり、ハンズフリーのため外でも快適。3段階の風量を選べて、内蔵バッテリーは最長で約5時間使用可能。2回モデルチェンジした人気商品。他にもファンを使って暑さをやわらげたりムレを解消しようという商品ラインナップは多く、帽子、クッション、マウス、シートカバー、リュックの他、ネクタイや折りたたみ傘まで取りそろえている。

『エアクリーンネックバンド』(2017年) ￥13,480

首にかけて使用する自分専用の空気清浄機＆加湿器。空気中の花粉などを、HEPAフィルターで取り除き、清浄した空気だけを、鼻や口に向けて放出する。付属のマスクを使えば本機と接続可能で、きれいな空気でマスク内を満たす。また、付属しているアタッチメントに水を入れてセットすると、加湿器としても利用可能な、機能満載のマルチマシンだ。

『USBあったかスリッパ』(2021年) ￥2,980

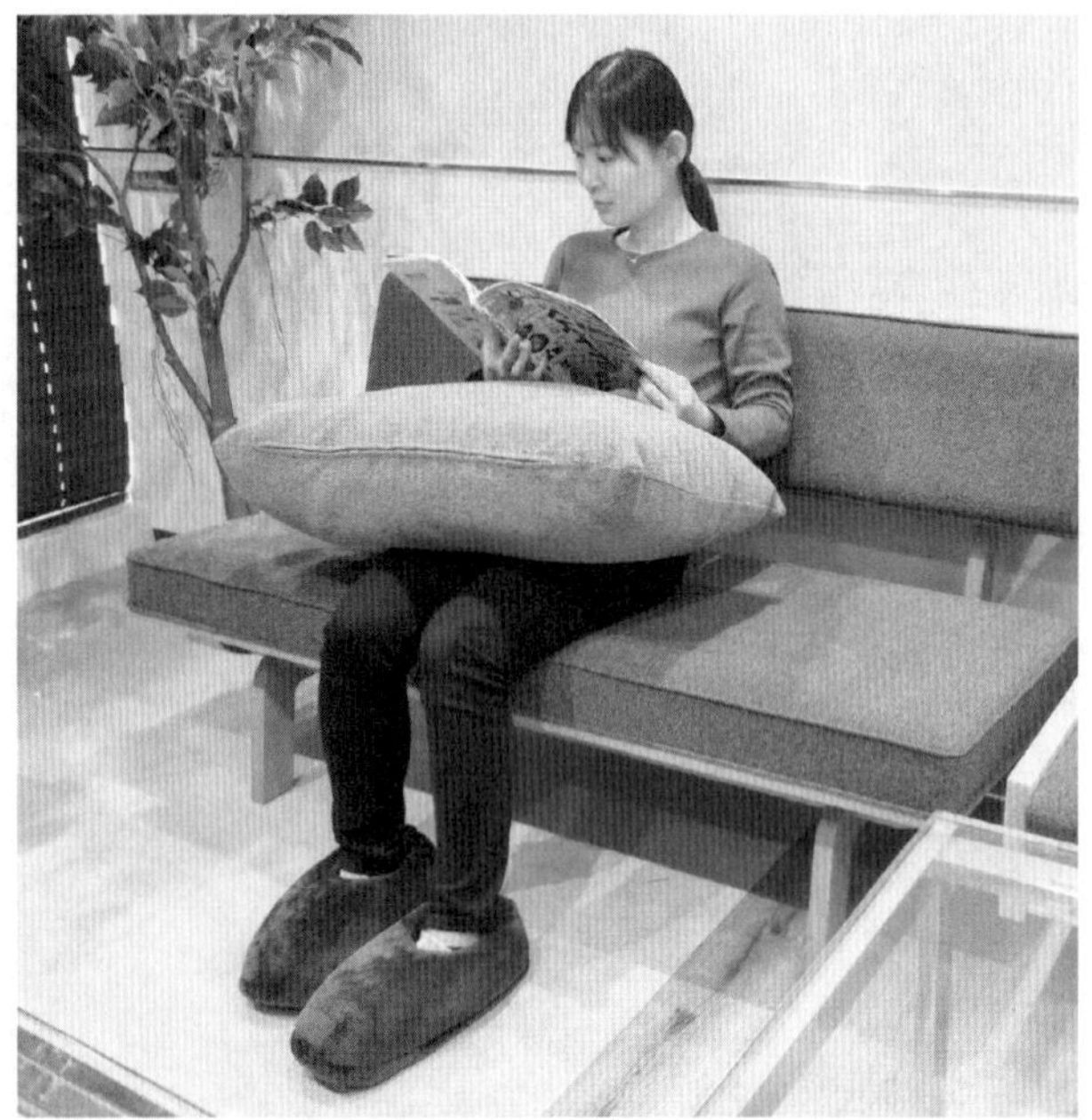

バッテリーとヒーターを内蔵し、冷えやすい足をぽかぽか温めるスリッパ。3段階の温度調整が可能だ。キャッチフレーズは「どこでも床暖」。16年前に初代を発売して以来、本モデルで20代目となる人気商品だ。他にベスト、手袋、レッグウォーマー、インソール、アイマスク、膝サポーター、着るこたつ、フェイスウォーマー、ネックウォーマーなど、USBで温める商品を多彩にラインナップしている。

『おはようライト』(2017年) ¥6,280

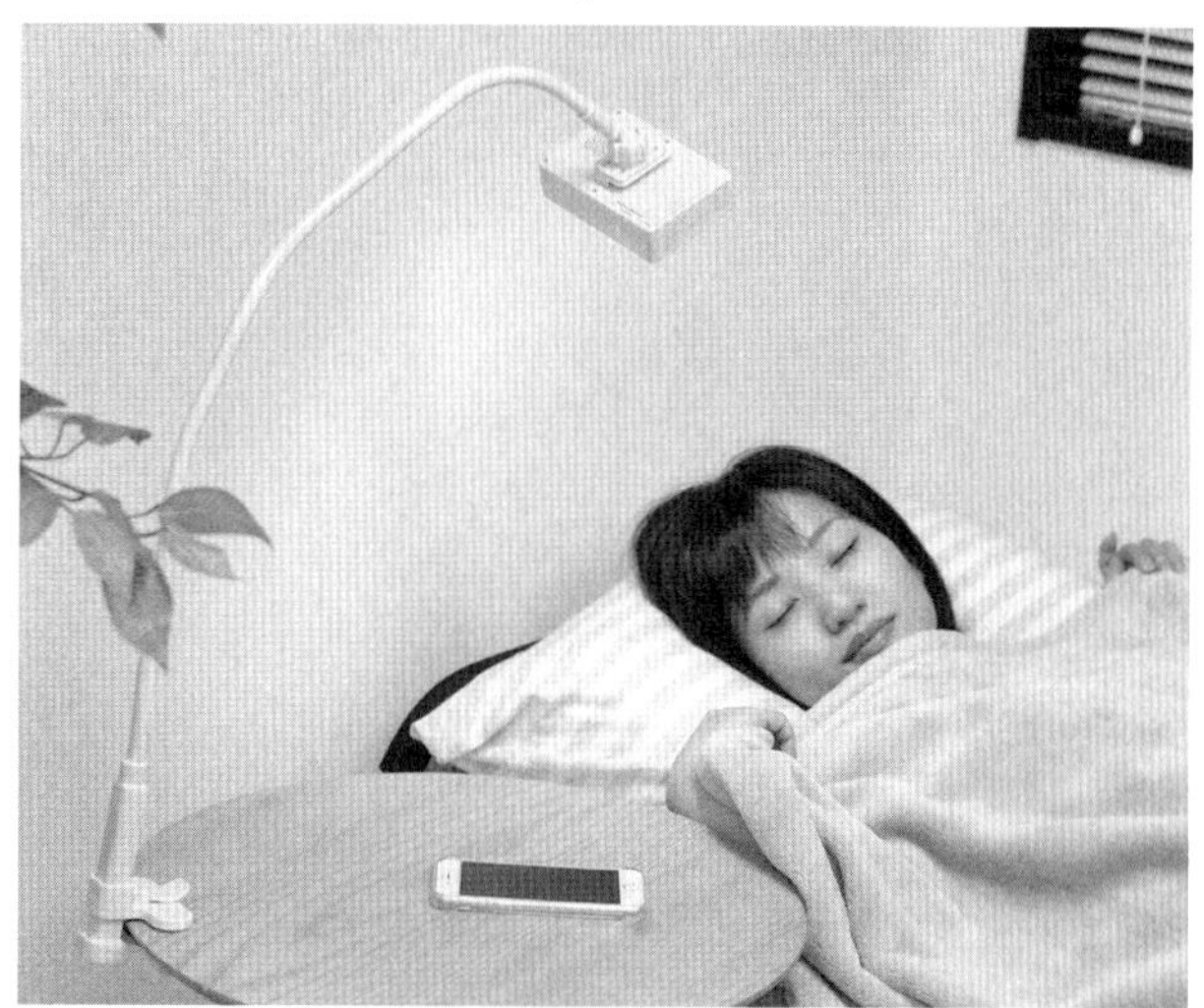

音ではなく光で起床を促す目覚まし時計。設定時刻になるとLEDライトが光り、眩しさで目覚めることができる。徐々に明るくなる機能によって、朝日を感じて起きるようなナチュラルで理想的な起床を再現。光だけでは不安、という方のためにアラーム音の設定もあるので安心してぐっすり眠れる。

『ラクアmini』(2022年) ￥19,800

カンタン設置のコンパクトな食洗機。タンク式のため蛇口と接続する工事が不要で、シンク横などに置ける。最大75℃の高温洗浄が可能。賃貸の住まいでも使え、さらに省スペースということもあってひとり暮らしやミニマリストの方に人気。ファミリー向けの大型モデル『ラクア』もラインナップしている。

目次

一〇〇万円のマッキントッシュが飛ぶように売れたバブル時代
印刷の革命に夢中になる
人に伝えるための技術
わずか二年足らずで退職
身につけた編集技術を活かす
英語学習にのめり込む
慎重にならざるを得ない価格
ネット通販の革命的な可能性
誤解と思い込みのなかで
成功体験に酔って無我夢中に起業

第四章 地獄の創業一年目

有限会社を設立
暑くて寒かった事務所
最初に仕入れた商品
心配すること以外にできることがない
新米社長を襲う最初の地獄
借金ができない！
眠れない日々
資金繰りの重要性
キャッシュが尽きればすべてが終わり

第五章

経営者としての成長が問われた一〇年

第六章

第二の創業期へ

構成：石濱まもる

はじめに

こんにちは！　サンコー株式会社の山光博康（やまみつひろやす）です。

本を書くなんて初めてなので、どういう風に書き出せばよいのかわからず、まずはご挨拶を申し上げました。

とはいえ、読者のみなさんは、サンコーも、山光博康も、もちろんご存じないでしょう。

ということで、まずはサンコーという会社のご説明を、簡単にいたします。

私たちは「世界最小の家電メーカー」と自称しております。こう自己紹介すると、「大手家電メーカーになれないだけだろう」とおっしゃる方もいまして、それは事実なのですが、私たちは「世界最小」を自負して、それを誇りとしています。私はその創業社長です。

私たちが製造販売している家電には、大きな特徴があります。

それは「この世の中になかった」「本当に生活の役に立つ」「アイデア商品」であり、しかも「廉価」ということです。

したがって、この新書も「この世の中にない」「生活の役に立つ」「アイデアの詰まった」、買って読んで良かったという「廉価」な本にしたいと思っています。

「この世の中にない」という点では、東京のオタクの聖地である秋葉原に本社を置く、アルバイトをふくめて総員五〇名の、吹けば飛ぶような小さな家電メーカーの社長が、偉そうに本を書いているというだけで、これはかなり珍しいでしょう。

年商は四四億円（二〇二一年五月期）を超えたばかりの、創業一九年の会社ですから、「急成長中」と言ってくださる方もいます。資本金は三八〇〇万円で、まだ株式を上場していないベンチャー会社です。

こんな会社の社長が、なぜ、この新書を書いたのかといえば、この本の担当編集者が「会いたい」と言うので会ったら、「あなたの人生は面白い！」と言ったからです。

突然そんなことを言われたので、「どこが面白いのですか」と、私は質問せざるを得ませんでした。

「あなたが普通の人だからです」と担当編集者は答えました。

たしかに見た目からして、私は普通の人です。通勤電車に乗れば、ごく当たり前にいる、くたびれた中年の会社員にしか見えないでしょう。起業した社長だと見てくれる人は、たぶん一人もいないと思います。どちらかといえば真面目な顔つきだと言ってくれる人がいましたが、それが取り柄の人は、どこにでもいる、つまらない人というのが通り相場でありましょう。

私は起業家であり創業社長ですが、たとえば年間売り上げ総額二兆円を軽く超えるユニクロ

（ファーストリテイリング）の柳井正氏とは比べようもないほど、小さな存在にすぎない。その意味でも、私は自他共に認める普通の人、凡人です。

そのようなことを口下手の私がおずおず説明すると、「しかし、やっていることは面白い！」と担当編集者は言うのです。「いったい、どこが面白いのですか？」と、私は質問を重ねました。

「あなたの会社が発売した商品のリストを作ったから、それを読み上げます」と担当編集者は言いました。

いわく、寝っ転がってノートパソコンが使える『ゴロ寝deスク』と『ゴロ寝deマウス』。風を送るうちわを自動化した『USB電動静音うちわ』。ヘッドホン型扇風機『ヘッドホンなクーラー』。その他にも『USB掃除機マウス』『USBあったかオニギリウォーマー』自動カップ麺メーカー『まかせ亭』『後頭部ミラーれる』『折り畳みミストシャワーブレラ』……。

「何だかワケがわからないけれど、楽しげで使いたくなる、面白そうな商品ばかりだ」と、担当編集者は結論づけました。

そして、私が本を書く意味を、とうとうと述べるのでした。

「ひと握りの天才を除いて、人は最初から面白いわけではありません。最初は、みんな普通の人です。まさに山光さんのように普通の人。そういう普通の人が、自分に合った仕事を見つけて、やがて起業し、会社をどんどん大きくしていく。成功ばかりではなく、失敗もあったでしょう。その成功も失敗も、方法もいきさつも、商品企画の秘訣もファブレス製造（工場など製造部門を持たず外部企業にアウトソーシングする製造方法）の有利不利も、すべて素直に書いてください。そうすれば、これから起業しようとか転職しようという普通の人の参考書になる。いま起業している普通の人やアイデア企画の仕事をしている人へのアドバイスになるかもしれない。とにかく普通の人が読んで面白く、仕事の役に立ち、生きていくための知恵を得られる、素晴らしい本になることは間違いなしです！」

何だか調子に乗せられているようですが、「なるほど」と思い当たることが、ひとつありました。それは私たちサンコーがやっている仕事と同じ仕組みであるということでした。

私たちの仕事は、「面白く」「役に立つ」商品アイデアを得るために行動して考え、企画会議をやって思いつきのアイデアを製品企画にまで練り上げ、製造できる工場を探して現物を作り、宣伝広告を抜かりなくやり、お客様へ販売する。

「たしかに、この本もサンコーと同じ仕組みで作られる商品なんだ」と私は理解し、「普通の人」が「面白く」読んで、しかも「役に立つ」のならば、本を書くことにチャレンジしてみようと思い始めました。

私は文章を書くことに関して素人ですが、専門家である担当編集者に相談して、原稿のアイデアを考え、それを文字で綴っていけば、本の製造メーカーである集英社インターナショナルさんが新書という商品を製造してくれる。これはまるで私たちファブレスメーカーの業務と同じです。

もうひとつ、私が調子に乗せられてしまったのは、若いときから文章で説明する仕事をやってきたからです。たとえば会社員のときならば、報告書や企画書などのビジネス文を書いてきたし、Eメールの時代になってからは、文字を書いて伝達する仕事が飛躍的に多くなっています。だから昔の会社員より、いまの会社員の方が文字を書く時間が圧倒的に増えているはずです。そうした時代の変化とともに、私の場合は商品の取扱説明書や、商品をメディアで紹介してもらうためのプレスリリース、さらには自社のホームページに掲載している商品紹介の文章まで書いて編集してきました。一時期、二年間ほどは、当時最先端だったコンピュータによる印刷を扱う会社の制作現場で働いていたので、文章や写真を使った表現の何たるかはそれなりに理解しているつもりで、ひと通りの編集技術も身につけてもいる。もちろん素人に毛がはえた程度ですが、完全な素人でもない。

だから、一冊の本を書くことの大変さを少しは理解しているつもりですが、せっかくのチャンスだから、チャレンジしてみたいと思ってしまったのでしょう。チャンスを逃すのが、もったいないと思ったのか、あるいは調子に乗ったとしか言い様がないのかもしれません。

ただし私は、積極的に何にでも挑戦するという情熱的なタイプの人間ではなく、状況や環境に影響されやすいタイプです。ようするに目の前のことに流されやすい。だから失敗が少なくありません。失敗は損をして手痛いし、自己嫌悪に悩むけれど、失敗であるかぎり誤魔化せない。しかも私は失敗したことを忘れて、また同じ失敗を繰り返すことがある。そのように仕方がないのが失敗なので、どうやって失敗を終わらせるかが大事だとしか言えません。

そうやって流されて仕事をして、失敗と成功を繰り返して、食うために働いてきただけです。仕事が好きだとか、大きな志があるとか、歴史に名を残したいとか、そういう大それた気持ちはひとつもありません。財産家でもない庶民の家庭で生まれて育ったから、働かないと食べていけないので、働いているうちに、少しばかり収入が上がるからと起業してしまい、そうなれば会社経営に失敗すると食べられなくなるので、それなりにがんばっているだけなのです。

とはいえ、本を書いて、私がやってきたことや考えていることを、多くの人びとへお伝えできるならば、たしかにお話ししたいことがあります。

まず第一に、サンコーの商品をご愛用いただいているお客様に、その商品とサンコーについてのヒストリーをよく知っていただければ、もっとサンコーの商品を楽しんでもらえると思います。サンコーの商品は、廉価な大衆商品で、貴族的な歴史物語で固められたような高級ブランドとはちがいますが、お客様はユニークなサンコーの商品を好んで選んでくださった、個性を愛する方々でしょうから、サンコーのヒストリーにニヤリとしてくださると思います。

そして、もうひとつお伝えしたいことは、私は仲間がほしいと思っていることです。

仲間と言っても、サンコーで共に働きたいという人ばかりではありません。この本を読んで、起業というのは案外簡単なものだな、と思って起業してしまう人がもしいたら、その人は私の仲間だと思うのです。

あるいは、サンコーはどんどん成長する会社だからと見込んで、投資して共同経営者になりたいとか、会社ごと買い取りたいという個人や企業も、私の仲間です。ただしサンコーは、まだ上場していません。私は、いま現在のサンコーの社長で最高経営責任者にして最高執行責任者だけれど、未来のサンコーには未来なりの社長というか、未来にふさわしい最高経営責任者がいると思っています。それは相変わらず私かもしれないし、まだ知らない他の誰かかもしれません。同じように、私はサンコーの筆頭株主で大部分の株式を所有するオーナー社長だけれど、死ぬまでサンコーの筆頭株主でいると考えたことがありません。時代が変われば、その時代にフィットした新しいオーナーが登場していることは十二分に考えられるからです。そういう未来のサンコーの経営者や株主も、私は仲間だと思っています。

もちろん、サンコーでバリバリ働いて、新商品をどんどん開発して、ばんばん販売する仲間がほしい。サンコーの商品は、そのほとんどがこの世にないモノだから、開発はゼロから出発します。ようするに見たことのないモノを考え出して、その想像図を描いて、試作品を作って、最終的に量産品を作って、販売する。この仕事を同僚たちと協力しながらやってくれる人材が、一人でも多くほしいです。

その人材とは、才能がある人ばかりではありません。新人でもシニアでもかまいませんが、サンコーで働くことに向いている人がほしい。人材選びのポイントは、才能の有無より、向き不向きが重要と考えます。後で詳しく書きますが、サンコーは、国籍、人種、性別、年齢、学歴、すべて不問で、朝一〇時始業の実質的な一日七時間勤務など働きやすい労働環境がありま す。サンコーは働くために生きている人の会社ではなく、生きるために働いている人の会社でありたいと考えています。

仲間になってほしい人材は、たとえば仕事を最後までやる人がほしい。失敗しても、それを認めて、やり直して、きちんと終わらせる人がいいです。キャリアがある人ならば、アイデアを生む考え方のトレーニングをしていて、試作品や量産品を作るとか、同僚とチームを組んでチームワーク良く仕事をするというスキルのある人です。これらのスキルは、学校や研修で習うことがあるかもしれないけれど、大半は自分で自分を鍛えることでしか身につかないと思います。そういう人材がほしいのです。

ただし、これも後で詳しく書きますが、サンコーで働く人はアルバイトであろうが正社員だろうが役員でも、毎週新しいアイデアを提案しなければなりません。アイデアといっても完成された企画である必要はなく、思いつきや気づきでいいのですが、これは必ずやらなければなりません。なぜなら、この毎週全員出すアイデアがサンコーの飯のタネだからです。

そのような仲間の人たちに、サンコーの話をきちんと確実に伝えるのは、本というカタチがベストだと思いました。本を読むより、映像で見せた方が伝わりやすいということもあるでしょうが、本の情報量と安定感は抜群のパワーがあると私は思います。

かくして私は、この新書を書こうと決意しました。「世界最小の家電メーカー」サンコーが誕生し、右肩上がりで成長を続けている話をぶっちゃけて書いてしまおうと思いました。この一冊を読んで、ぜひ、あなたも、私とサンコーの仲間になってください。

第一章　サンコーはこういう会社です。

何をしている会社か

まず最初にお伝えしたいことは、私たちサンコー株式会社とは、どんな会社かということです。

私たちが販売する商品について、詳しく説明すれば、サンコーそのものが、きっとわかってもらえると思いますが、イメージ的な理解にとどまってしまったり、内輪ウケの自慢話になったりするのは良くないので、きわめて具体的な現実の説明からいたしましょう。

創業から一九年がすぎ、社員五〇名ほどで、年間の総売り上げは四四億円ということは書きました。資本金は三八〇〇万円ですが、上場はこれからです。

社員の平均年齢は調べたことがないのですが、おそらく三〇代前半です。年齢構成は二〇代から五〇代まで幅広いけれど、二〇代、三〇代の若い人たちが多い。若い人を増やしたいと思ったことはありませんが、結果的にそうなっていて、そのためかどうかわかりませんが、四〇代や五〇代でも、若く見える人が多い。

男女比も気にしたことはありませんが、女性が少ない。マッチョな男性ばかりの会社ではないのですが、女性は多くない。時代とズレているのかもしれませんが、どういうわけかこれがサンコーの現実です。社長の私が、男女比も平均年齢もバランス良くしようと考えたことがないので、それが原因なのかと思うことはありますが、年齢や性別よりも個人の人物本位で社員を集めていますから、現実はなるようにしかならないのでしょう。

社員の平均年収は七〇〇万円に達しようとしています。給与評価は日常業務と実績でベースを評価していますが、最大の特徴は業績連動性を採用していることです。毎月簡単な試算表を公開して、通常の年俸とは別枠で、営業利益の一〇パーセントを全社員に還元しています。

この本を最後まで読んでくだされば、よくわかってもらえると思いますが、私はサンコーの経営責任者でリーダーなのですが、口下手ということもあってトップマネジメントでガンガンと会社を引っ張り、盛り立てていくタイプではないのです。だから社員各自の主体性を重んじて、働きやすい環境を整備し納得のいく賃金を支払うべきだと考えています。その意味でサンコーは社員各自の自由を尊重している人間集団になっているはずで、この自由が失われたときはサンコーの成長が停止すると思っているほどです。

社員募集は定期的に行っていますが、もちろん学歴不問、年齢不問、国籍不問、当然ながら性別不問です。したがって給与体系も、性別、学歴、年齢、就労年数などは関係ありません。入社試験はペーパーテストがなく履歴書と社長面接だけです。会社の仕事や雰囲気と相性がいいと思う人を選びます。成長途中の会社なので、いままで新卒で入社した人はおらず、アルバイトから正社員に採用された人と中途採用の人ばかりです。入社した社員は、ほぼ一〇〇パーセント定着しており、私が辞表を受け取ったのは、ほんの数回です。

勤務時間は朝一〇時から夜七時までの基本八時間労働ですが、午後六時をすぎれば各自の判断で退社できますので、実質上の七時間労働です。当然のことながら社会保険完備、週休二日、残業手当あり、有給休暇は法定通りで一週間連続休暇もとれ、有給買い上げ制度もあり、産休はいまのところ一年間です。男性の育休は今後の検討課題です。社員の定年制度は六五歳としていますが、現実に定年退職した社員はまだいませんし、社会の変化に対応しますから、いずれ七〇歳になるでしょう。

タイムレコーダーや出勤簿での就労管理はなく、有給は申告だけで取れます。主体性にまかせているので、かえって遅刻する社員はほとんどいません。とはいえ遅刻しているのかトイレに行っているのか、私にはわからないのですが、そんなことに目くじらを立てても仕方がありません。就業の条件や環境については、労使問題になったことはないのですが、もし問題になったとしても社員と社長が話し合って解決できるはずです。労働組合や社員会などはありません。労働組合など社員の団体が必要になれば、きっと結成されると思いますし、その結成に反対する理由はひとつもありません。

就労時の服装も各自の判断にまかせています。私もその日の仕事内容に応じて、Tシャツやトレーナーの日もあれば、スーツを着てネクタイをしている日もあって、まちまちです。他者に不快な思いをさせなければ、どんな服装でもいいし、髪の色が金髪だろうがピンクだろうが、どこにボディピアスやタトゥーをしていても、きっちりと仕事をしてくれれば、私は一切かまいません。

会社の経営は社長と執行役員五名の役員会で行っています。業務の部署は、経理・総務部、営業部、通販部、ウェブ制作部、商品調達部、企画部、カスタマーサポート部、店舗部、広報部とありまして、なかには一人でやっている部署もあります。

つい最近まで、社長がワントップの階層がない文鎮型組織だったのですが、社員が三〇人を超えたあたりで、さすがに各部署の代表者が必要になりました。代表者と呼んでもリーダーと呼んでもいいのですが、各自の判断で名刺には「部長」とか「リーダー」とか役職名を印刷しています。広報部はこの間まで一人部署だったのですが、担当者は「広報部長」と名乗り、名刺にそう印刷していました。

大切なのはアイデア

全社員は通常の担当業務以外、毎週新たな商品アイデアを提案するルーティンワークがあります。これは企画書レベルのアイデアではなく「生のアイデア」「日常生活で困っている気づき」「こんな商品があったらいい」という「思いつきレベル」のアイデア提案です。このアイデア提案は、すぐに評価して、すぐれているアイデアをA賞・B賞・C賞とランキングして報奨金を出します。A賞：一〇〇〇〇円、B賞：四〇〇〇円、C賞：二〇〇〇円で、アイデアや気づきだけを評価して、実現性は問いません。

こうしてサンコー株式会社の説明をしていると「何だか緩い会社だな」と思われる読者の方がいらっしゃるでしょう。私は緩い勤務制度だとは思っていなくて、全部が当たり前のことを当たり前にやっているだけだと考えています。

大切なのは、会社として商品のアイデアを、次々と生み出せるかどうかです。商品アイデアは発想した個人のものではなくて、あくまでも会社全体のものです。そのアイデアを、みんなで育てて商品にして、売って稼いで、社員も私も安心して生活していくことができればいいのです。そのためには、働きやすい環境をつくって会社全体のパフォーマンスを向上させ、商品のアイデアをとぎれなく生むことに集中するしかないのです。

だから誤解をおそれずに言えば、すごい天才とか、すごい野心家は、サンコー株式会社の社員としては向いていないかもしれない。たぶん空回りして疲れてしまうと思います。いままで大天才はいなかったけれど、大きな野心を秘めた社員はいました。そういう人は仕事を覚えてしまうと、もっと大きなやりがいを求めて独立起業していきます。もちろん、それは当たり前のことだと私は考えています。会社を超えようとする個人は、考え方も生き方もちがいますから、独立していくものです。

もうひとつ、製造業をよくご存じの読者の方がいらっしゃるとしたら、工場部門がない点をご指摘されるでしょう。そのとおりでサンコーは、いまのところファブ（工場）を持たないファブレスメーカーです。商品の製造を他社の工場で行う、工場部門をアウトソースするメーカーです。

ファブレスメーカーは、世界的な企業でいえばアップルさんが有名です。日本でみればゲームの任天堂さんとかファッションのファーストリテイリングさん、無印良品さんがよく知られています。ファブレスメーカーは、企業規模の大小を問わず、いまや製造業における世界的大潮流になっています。ファブレスメーカーが出現したとき、本来の製造業のあり方ではない、と指摘されたことがありました。工場部門がない製造業はあり得ないし成長しないという本質的な批判です。しかし、現在ではファブレスメーカーが数多く存在し、しかも成長していることは事実です。工場部門を持つことは製造業の必要十分条件ではない時代になりました。

私たちサンコーの場合は、創業時点での事業が、台湾や中国の企業が製造するアイテムを輸入して販売する仕事だったので、最初から製造業ではなかったといういきさつがあるのですが、いまはすべて中国の別資本の工場に製造を依頼しています。その方法で、商品のコストも品質も十分にまかないながら、利益を生み出して成長しています。

サンコー株式会社の説明をしているうちに、つい熱が入ってしまい、会社案内のようになってしまいました。

ここからは、私たちが販売する商品のうち、いくつかについて紹介していきます。それがいちばん手っ取り早く、サンコーを理解してもらえるでしょう。

サンコーは「新しい仕組み」の家電商品や、USB電源を活用した商品を、毎週二つずつ新発売していく「世界最小の家電メーカー」なのです。

ネッククーラーシリーズ

サンコー創業以来の最大のヒット商品はネッククーラーです。

いま現在の商品名は『ネッククーラーEvo』といい、市販価格は四九八〇円ですが、二〇二二年の夏向けに六〇万個を用意しました。五回モデルチェンジして現在は第六世代に進化しています。二〇一五年から販売を開始して累計一〇〇万個以上ですから、サンコーにとってはロングセラーの超大ヒット商品です。

ネッククーラーは、ヘッドホンを首から下げるようにして装着し、首のまわりの頸動脈あたりの肌を冷やすアイテムです。先端の金属プレート部分が冷たくなって、首を直接冷やします。同様のヘッドホン型として、左右に小型扇風機がついている商品もありますが、そこが決定的にちがいます。

『ネッククーラーEvo』(2022年) ¥4,980

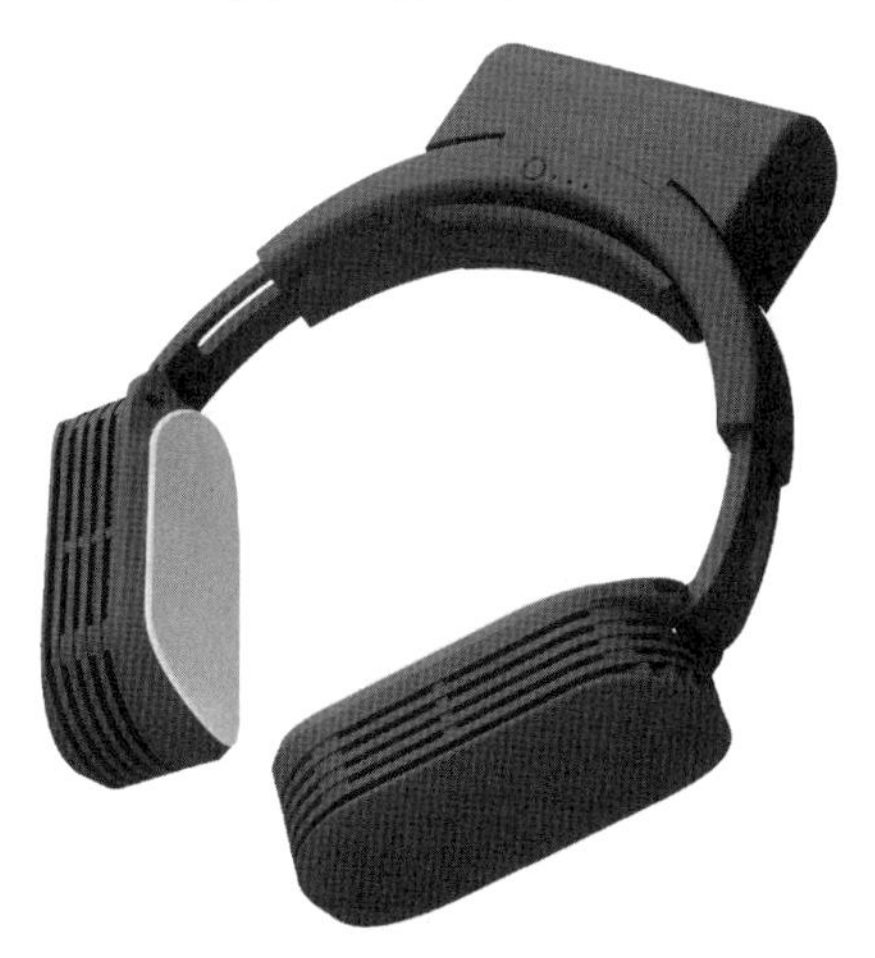

電源をオンにしたら二秒か三秒程度でたちまち冷たくなります。マックスのモードでは、環境温度より一五度低くなりますので、たとえば外気温が三五度だったら、二〇度程度まで冷える性能をもっています。しっかり冷えて気分が楽になったら、ゆらぎモードに切り替えると、ちょうどいい冷たさを維持します。

最新モデルでは、二通りの電源を選べます。ひとつは専用バッテリーを充電しておいて『ネッククーラー Evo』の後ろにセットすると、これで一時間半から二時間はコードレスで使えます。もうひとつはパソコンやUSB電源、市販のモバイルバッテリーなどとネッククーラーを直接接続して使います。パソコンで作業するときは、このコードをパソコンのUSB端子に挿しておけばいいわけです。

ライオンさんのロングセラー商品である『冷えピタ』を首に貼ったときとか、白元アースさんのこれもロングセラー商品である『アイスノン首もとひんやり氷結ベルト』などと、首を直接冷やすところは同じなのですが、サンコーのネッククーラーシリーズは電気製品であることと、見た目が『攻殻機動隊』に出てくる未来的なデバイスのような、カッコいいデザインになっているところが売りです。

猛暑対策に引っ張りだこ

発売当初は、暑さに悩んでいた新しモノ好きの若い人たちにパッと人気が出て売れ始めたのですが、いまやそれだけではありません。炎天下で働く農家さんや工事現場で働くみなさん、空調のない工場や倉庫などで働くみなさん、発熱を伴う作業が必要な厨房や溶接現場で働くみなさんに、熱中症予防としてとても役立つというので買っていただきました。ＪＡ（農協グループ）さんでも大量導入してくれましたし、一括で一万個を購入してくださる企業もあり、おかげさまで超大ヒット商品になりました。

地球温暖化の影響もあって、近年は夏の猛暑が深刻な問題になっていて、個人も企業も熱中症対策をしっかりやらなければならなくなりました。ファンがついた空調服も大いに売れていますが、私たちのネッククーラーもその対策のひとつとして選んでいただいています。

ネッククーラーが超大ヒット商品に育ったのは、モデルチェンジのたびに改良を重ねて使い勝手をどんどん良くしていったのと、デザインをカッコ良くしていったことが大きな理由だと考えています。現行商品の『ネッククーラーEvo』は首の両側二箇所を冷やすものですが、最初のモデルは一箇所しか冷やせませんでした。「首の両側を冷やした方がいい」などというマーケットの意見を取り入れながら、改良を重ねてきたのです。つまり、消費者のみなさんに育てていただいた結果、今日の大ヒットにつながりました。

実はネッククーラーが大ヒット商品に育つまでには、それなりの時間がかかっています。そのスタートは当時流行し始めたハンディ扇風機でした。暑いときには気軽に利用できて便利なアイテムですが、猛暑になると効き目がありません。扇風機ですから、風を起こして体のまわりにある熱い空気を吹き飛ばしたり、汗を乾かして気化熱を奪って涼しくなるという原理なのですが、外気温が体温を超える猛暑になると、熱風を起こしているだけになってしまいます。こうなると涼しいどころか、生暖かい風になるので、かえって気持ちがわるくなる。どんなに暑くなっても涼しさを確保できるような商品ではなかったのです。

そこで、二〇一三年に販売したのが首元を冷やす送風冷感機『USB首ひんやりネッククーラー』（一九八〇円）でした。本商品を首に装着すると、内側の金属製クーリングプレートが首に直接触れるようになっています。そのプレートに内部からファンの風を当てることで熱を奪

『USB首ひんやりネッククーラー』(2013年) ¥1,980

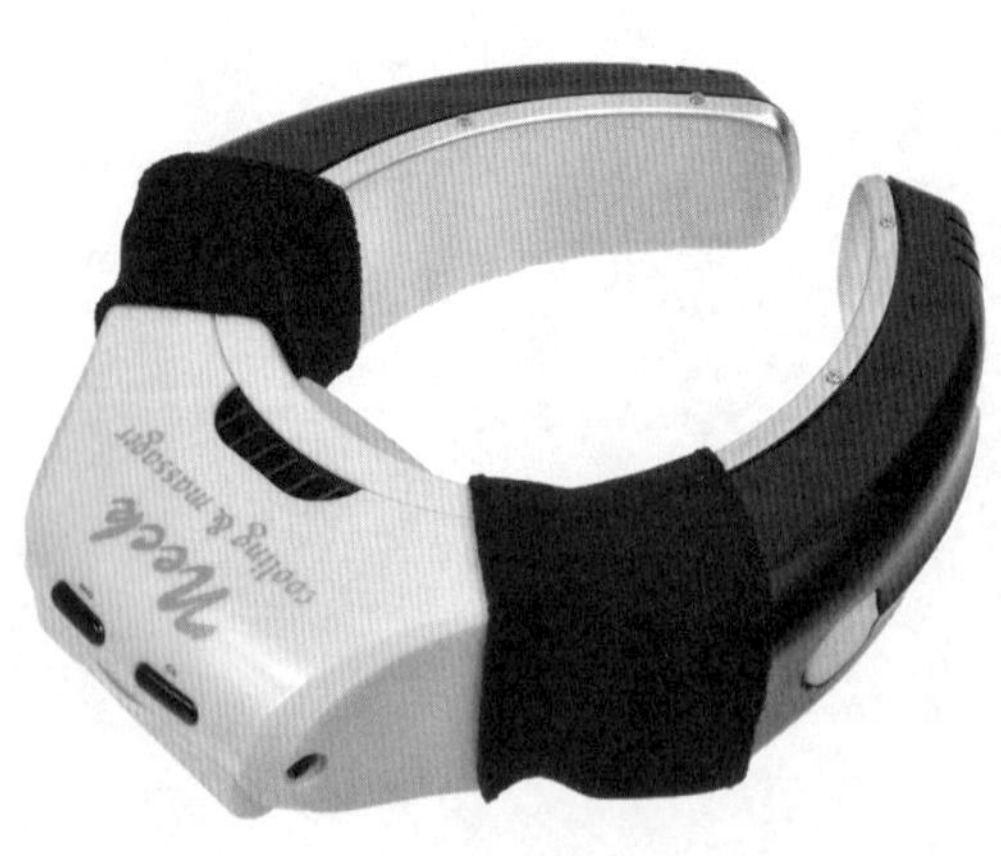

う、という仕組みです。USB電源の他、乾電池でも動作するうえ、本体内部にはスポンジが装備されていて、水をしみこませることで冷却効果をアップさせる機能もありました。

これまでにない、斬新なアイデア商品だったのですが、販売はふるいませんでした。なぜ人気が出ないのかと、お客様の声を調べていったら、冷却能力が高くなかったことがいちばんの要因でした。プレートが冷えなかったのです。猛暑になると、涼しいと思えるほどにはプレートが冷えなかったのです。

その経験があったので、徹底的に冷やして涼しくなるソリューション(解決策)がないか、と考えていたのです。そのときに知ったのが、「ペルチェ」という半導体素子の存在で、これは通電すると片面が熱く、もう片面が冷たくなる性質があり、小型の冷蔵庫などに使われていたデバイスでした。これを見つけたとき、小型化してUSB電源で駆動すれば、どんなに暑くなっても冷えるウェアラブル（身に着ける）な商品ができるぞと思いました。

社内の誰が、このアイデアを考え出したのかは、忘れてしまいました。そんなことは忘れてしまう程度のことなのです。大切なのはアイデアを商品化していく会社全体のパフォーマンスです。この場合の商品化とは、実際に作るだけではなく、コストから利益まで計算し、市場調査などのマーケティングをやって、宣伝PR戦略をたてて、売り出すところまでを言います。とはいえ口で言ったり企画書に書くのは簡単でも、現実に計画通り商品化するのはとても難しいものです。

こりゃひえ〜る

最初に考えたアイデアは、冷えるプレートが一つで、首の後ろとかオデコを一箇所だけ冷やすものでした。団塊の世代の人たちにこの話をすると「エヂソン・バンドみたいだ」と言われるのですが、私が生まれる前に流行ったアイデア商品らしく、私にはよくわかりません。ようするに白元アースさんの『アイスノンベルト』を首かオデコに巻くというような考え方です。その意味では、頭のまわりの、どこか一箇所を冷やすアイデアは、昔からあったお馴染みの生活の知恵でした。新しいのはUSB電源で冷えるプレートを使っているところです。

『こりゃひえ〜る』(2015年) ¥4,980

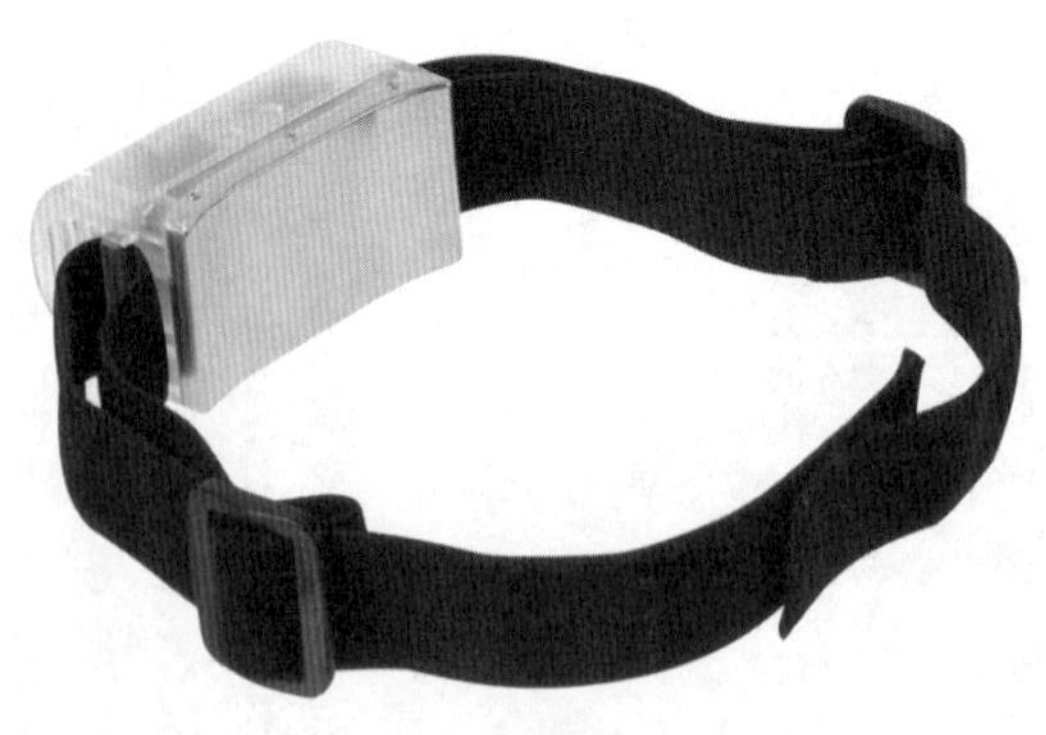

この初代ネッククーラーは、二〇一五年に『こりゃひえ〜る』というネーミングで、発売しました。USB端子から直接コードを介して給電する仕組みで、外気温マイナス一〇度程度の冷却性能を持っていました。用意したのは二〇〇〇個。もっと売れるだろうとは思ったけれど、どうしても売れなかったときのことを考えてしまうので、とりあえず二〇〇〇個でいこうと決めました。大量生産はイコール大金投資なので、アテがハズレてしまうと、投資を回収できなくなってしまうという怖さがあります。しかも、この頃は企画開発の人手が多くなかったこともあって開発が遅れ、夏の暑い盛りに発売したので、機会損失の可能性も高い状態でした。本当ならば夏前に発売して、時間をかけて宣伝をし、夏の盛りにターゲットを合わせなければ

『ネック冷却クーラー＆温めウォーマー』（2017年）￥6,980

ならないのですが、間に合わなかったのです。でも、第一世代は二〇〇〇個きっちりと売れて、それなりに手応えはありました。

ネック冷却クーラー＆温めウォーマー

そこで、大幅な改良を施し、首掛け式にモデルチェンジしました。このときから冷えるプレートを二つ搭載し、首の両側を冷やす現在のスタイルになったのです。

この第二世代は『ネック冷却クーラー＆温めウォーマー』という商品名で、五〇〇〇個だったと記憶しています。しかし相変わらず人手が足りないから、どうしても開発が後手後手になってしまい、この第二世代も暑くなる直前にようやく発売にこぎつけたので、大きな機会損失があったと思います。それでも、五〇〇〇個を

『ネッククーラーmini』(2019年) ¥8,480

完売しました。家電量販店やホームセンターからも「店頭で売りたい」と声が掛かりました。

ネッククーラーmini

こうなれば次の第三世代は「よし勝負をかけよう」と、さらに改良を重ね、二〇一九年に『ネッククーラーmini』という名称で一万八〇〇〇個を作りました。これは売れました。すでに首掛け式ヘッドホン型扇風機がアイデア商品ではなく定番商品になって普及していたから、それより圧倒的に冷えるネッククーラーに注目してもらえたということもあったと思います。冷却性能も外気温マイナス一三度にアップしました。でも、この年は早期に開発製造計画に着手したにもかかわらず、またもや人手不足で計画が遅れて、機会損失がありました。

『ネッククーラーNeo』(2020年) ¥5,980

ネッククーラー Neo

それで二〇二〇年の第四世代『ネッククーラーNeo』になるわけです。

モデルチェンジを重ねてきて、とてもカッコ良いデザインになったし、冷却性能も外気温マイナス一五度とさらに向上。また、強~弱を自動で繰り返すことで冷たさの感覚が麻痺することなく、ひんやり感を維持できる〝ゆらぎモード〟も新たに搭載しました。

さらに何度も繰り返してきた販売の機会損失をしないよう、開発製造計画も念入りに立てて発売に臨んだのです。

当初一〇万個を製造し、四月に売り出したら、いきなり売れ始めて、すぐに増産を決めました。結局、増産につぐ増産で一年間で二四万個が売れました。

こうしてネッククーラーは、知られれば知られるほど売れる商品になりました。また、企業や組織で働く人たちに配給される業務用の熱中症対策用品にもなり、大量一括購入をしてくださる法人のお客様が目立って増えてきました。ようやく開発製造の努力が実り、大量販売が可能になったのです。

ところが、私たちが発明品だと考えていたネッククーラーの特許を取得しようとしたら、残念ながら特許の対象になりませんでした。制御システム部分については実用新案をとっていますが、特許で独占できない商品ですから、今後は類似商品がたくさん出てくるはずです。しかし私たちには、改良に改良を重ねて七年間で八〇万個を売ってきたというキャリアがある。性能も機能もデザインも価格も、そう簡単にはマネされないと思っています。どんなに類似商品が出てきてもトップランナーであり続けられるような開発を続けています。

ネッククーラーシリーズがなかったら、サンコーは家電メーカーになれなかったのですから、大切に育てていくべきロングセラー商品だと位置づけています。

おひとりさま用超高速弁当箱炊飯器

次に紹介するのは『おひとりさま用超高速弁当箱炊飯器』です。二〇一九年に発売以来、シリーズ累計一六万個を販売しており、いまなお人気が続くサンコーの主力商品です。

『おひとりさま用超高速弁当箱炊飯器』(2019年) ¥6,980

一四分間で〇・五合のお米が炊けます。一合ならば二〇分間です。家庭用電源を使いますので、電源コードをつないでコンセントに差し込み、スイッチをオンにするだけです。炊飯中は赤色のパイロットランプが点灯していて、これが緑色に変わったらご飯の炊き上がりです。

もちろん〝超高速〟ですから、通常の炊飯器より圧倒的に短時間で炊き立てのご飯が食べられます。もっとも早いと言われる、ガスコンロでの土鍋炊きよりも、さらに早く炊けます。お米〇・五合は、普通サイズのご飯茶碗一杯分です。スーパーやコンビニで売っているレトルトのご飯の定番サイズは、およそ〇・六合ですから、そのぐらいの量のご飯が一四分間で炊けます。無洗米を使えば、お米を研ぐ必要がないことは言うまでもありません。

『おひとりさま用超高速弁当箱炊飯器』の大きさは、高さ八センチメートル、幅二四センチメートル、奥行き一〇センチメートルの、まさに弁当箱サイズです。

外見はモダンな弁当箱といったデザインなので、蓋を開けて、そのまま食べても違和感はありませんし視覚的に不味く感じるということもありません。さらに食べ終わったら、コードを取り外せば、そのまま丸洗いできます。

たとえば、ひとり暮らしの人が、帰宅途中にお惣菜を買って帰り、帰宅してすぐにこの『おひとりさま用超高速弁当箱炊飯器』に、付属の計量カップでお米を入れて、本体の目盛りに合わせて水を注いで、スイッチをオンにする。それからテレビをつけたり、着替えたり、携帯電話を充電したり、手を洗ってうがいをしているうちに、ご飯が炊けてしまう。メールチェックしているヒマがないくらい、すぐに炊けます。

あるいは、普通のお弁当箱のように会社へ持っていけば、お昼休みに炊き立てのほかほかご飯が食べられます。炊いているときの水蒸気が少ないので、あまり臭いません。音も大変に静かですので、周囲の人たちに迷惑がかからない。おかずだけコンビニかスーパーで買ってくればいいのです。レトルトのカレーをかけて食べてもいいですね。

これで一台・六九八〇円。電気代は一合炊いて、一回一・六六円ですから、三〇日でも五〇円かかりません。

ご飯は〝味〟と〝食感〟が重要

こう説明をしますと、必ず質問されるのは、炊き上がるご飯の味です。こればかりは個人の好みもありますが、炊きたての美味しさは格別だと感じています。日本人好みのふっくらとしたご飯がムラなく炊けます。強力なヒーターで「囲み炊き」するように設計してあるからです。ゆっくり食べても冷めない程度の保温機能もあります。

ムラなくふっくらとした美味しい炊き立てご飯にするため、研究開発には一年半もの時間がかかりました。私たちサンコーでは、異例と言えるほどの長い開発期間です。毎日実験を繰り返し、何百回もご飯を炊いては食べて、噛んだときのシコシコふんわりの食感を追求しました。

研究開発のために、ライバルとなるはずの他社の一合炊き炊飯器はもちろん、高級炊飯器も買ってきて、実際に炊いたご飯で食感の比較検討もしました。

日本人のご飯にかける思いというのは、特別なものがあります。古代から続く宗教的食糧と言っていいと思います。いろいろな食材のひとつに米があるという世界的スタンダードな食事ではなく、日本人にとって米は主食であり、同時に崇拝の対象です。実際問題、美味しいご飯ならば、おかずがなくても美味しいし、卵やふりかけがあればごちそうになってしまうくらい、ご飯が好きなのです。だから、ご飯に関して日本人の舌は誤魔化せません。目隠しをして、一〇万円の炊飯器とサンコーの試作品で炊いたご飯を、食べ比べるというテストまでしました。

もちろん高級炊飯器に勝るとも劣らない味と食感でした。

ご飯の味に徹底的にこだわったのは、これが日本の国家宗教に近い伝統生活食品だということもあったのですが、実はその前の二〇一八年に発売していた『糖質カット炊飯器』という商品があったからです。この炊飯器は、通常のご飯と比較して糖質を約三分の一カットして炊くことができました。炊飯器なのに健康食品器具のようなところがあるものだったのです。

この糖質カット機能は、血糖値が高いから糖質を減らしたいとか、ダイエットに好都合とか、もっと腹一杯ご飯を食べたいけれど我慢している人などに大好評で、あっという間に四万個も売れました。家電量販店からも売りたいと声がかかり、通販だけではない販路が広がって、どんどん売れたのです。

この『糖質カット炊飯器』は、私たちサンコーのアイデアで開発した商品ではありません。中国のメーカーが作っていたものを発見して、これは日本の多くの人びとに歓迎されるだろうと、サンコーが代理店になって、サンコー・ブランドとして販売した商品でした。たしかに多くの人びとに喜ばれる商品になり「こういう炊飯器を待望していた」という、お客様のレビューがたくさん届きました。健康に関する商品は、それが役に立つと、想像以上の反応が必ず返ってきます。

ところが、そのレビューのなかで、次第に大きくなっていった声が「もうちょっと食感を良

『糖質カット炊飯器』(2018年) ¥30,352

くしてほしい」「もっと歯応えのあるご飯が炊けないか」でした。たしかにちょっと歯応えがない食感のご飯になってしまうのです。これは糖質をカットするための炊飯方法からして仕方がない側面がありました。それはお米を炊いている途中に、糖質を多く含んでいる水分を抜き、蒸してご飯を炊き上げる、という方法で、通常の炊飯器で炊いたご飯と比べると、どうしても柔らかいご飯になってしまうのです。

私たちは、これは味が良くないという問題ではなく、食感の問題だと理解しました。いままで食べてきたご飯と食感が異なるという、いわば身体性の問題でもありました。しかし、食感を良くしたいと思っても、合理的な改良方法を見つけ出すことができませんでした。水分を抜かないで低糖質のご飯を炊く方法がなく、蒸し上げて歯応えのあるご飯にする方法も考えつきませんでした。我々には食感を変えるソリューションがなく、改良することができなかったのです。

このときの経験から、炊飯器を開発するときは、ご飯の「味」はもちろんのこと、「食感」も第一に考えなければならない、と私たちは胸に刻みました。だからこそ『おひとりさま用超高速弁当箱炊飯器』を開発するとき、一年半もかけてご飯の「味」と「食感」を追求したのです。

カタチが醸し出す美味しさ

ご飯の味と食感を追求する過程で気がついたことは、見た目も重要だということでした。つまり、ご飯を盛る器が、食べて美味しいと思う気分を醸し出すということです。味とか食感そのものではなく、気分良く食べることによって、人は美味しく感じることがあり、この気分を炊飯器のカタチが決めている要素が大きいということに気がついたのです。

というのは、私たちが『おひとりさま用超高速弁当箱炊飯器』を開発する前から、一合とか二合の少量のご飯を炊く、他社の小型炊飯器がありましたが、それらはおおよそ大型炊飯器を小さくしたようなカタチだったのです。

ようするに炊飯器で炊いたご飯を、茶碗によそって食べるという前提がある商品でした。しかしお茶碗を用意するのが面倒臭いとか、洗う手間がかかると思う人がいるはずです。そういう人がもし、小型炊飯器からそのままご飯を食べたとします。そのわびしい姿を想像してください。お釜をかかえて箸を突っ込んで食べている。どう考えても美味しそうではありません。いくらご飯が良く炊けていて味や食感がいいとしても、これでは文字通り味気ない食事時間になってしまいます。

味というのは気分や雰囲気に左右されるものなのです。そこで『おひとりさま用超高速弁当箱炊飯器』は、そのネーミングどおり、弁当箱のカタチにしたのです。これだとご飯を食べているという自然さがあります。もちろん、洗う手間も弁当箱ひとつで済みます。

この弁当箱のカタチを思いついたのは、老若男女問わず〝おひとりさま〟というライフスタイルに絞り込んだ、商品開発のコンセプトがあったからです。従来の小型炊飯器は、炊飯器を小さくするという、いわば技術的な商品でしたが、『おひとりさま用超高速弁当箱炊飯器』は〝おひとりさま〟というライフスタイルを楽しむための商品でもあるのです。

従来のお釜型小型炊飯器は〝おひとりさま〟の生活を逆にわびしくするというか、家庭生活は炊飯器でご飯を炊いて、お茶碗で食べるライフスタイルが本来の姿だという古い価値観を感じさせます。もちろん、「家族がいる温かい家庭」で「温かいご飯をお茶碗で食べる」のが人の幸せだという価値観を否定するつもりはありません。私たちは〝おひとりさま〟を謳歌している人たちが、食事をするときの気分や雰囲気を大切にしたいと考えたのです。

そこには、「炊飯器」と「弁当箱」という二つの複合した上位概念があります。そこが従来の炊飯器と決定的にちがうのです。お客様がこのコンセプトを受けとめてくださるからこそ、自分のライフスタイルの相棒にしてもらえます。生活が楽しくなって、ふと気がつくと「ご飯の友」というのか「ご飯のパートナー」になっているわけです。

この弁当箱型のデザインは、時代的なフォルムで、事務机の上に置いても様になるデザインです。男性が使っても女性が使っても違和感がありません。

これは私が描いた下手なポンチ絵をもとに、工業デザイナーがフォルムを整えてデザイン画に仕上げました。そしてそのデザイン画を工場に渡して試作してみたのです。それだけでデザインが完成しました。何度も作り直す必要はなく、一発で私が思い描いていたジェンダーレスな弁当箱のカタチになりました。それは、工業デザイナーと工場の人たちが〝おひとりさま〟のライフスタイルの楽しさを理解していたから、私の思いをぴたりと受けとめてくれたのだと思います。同時代を生きている工業デザイナーと工場の人たちがいたから、このカタチができたと言えましょう。

だから、私たちが特別に鋭いセンスを発揮したわけでもなく、特別に個性的なデザインを狙ったわけでもなく、現在の時代的価値観をもった人びとの日常生活のなかに、自然に存在している普通のカタチになったということなのです。それは現代の定番デザインとしか言い様がありません。

そして、当然のことながら、お客様のみなさんにもそうした共通の感覚があったということになります。だから『おひとりさま用超高速弁当箱炊飯器』を生活の役に立てるだけではなく、生活の相棒として愛用してくれたのです。

予期せぬインフルエンサーの登場

『おひとりさま用超高速弁当箱炊飯器』を開発しているときに、ごく簡単に炊飯器の市場調査をしてみました。この商品は、いままでにない商品コンセプトで開発しているから、唯一無二の存在であって競合商品がないので、すごく売れるか、まったく売れないかの、どちらかしかないと思っていました。だから賭けの要素が強い商品なので、十分な市場調査は必要ないのですが、最低限の数字ぐらいは押さえておこうと思いました。

そうしたら炊飯器は、年間に五〇〇万台ぐらい売れていることがわかりました。日本人にとってご飯は大切な食べ物なので、毎年安定して大量に売れています。また家電は一〇年ぐらいで壊れるものもあるので、日本の世帯数が約五五八三万世帯（二〇二〇年一〇月）ですから、買い替え需要で、毎年その一〇分の一ほど売れる市場があるのだと分析しました。

しかし、この買い替え需要の市場は、そもそも『おひとりさま用超高速弁当箱炊飯器』とは関係が薄いと思いました。『おひとりさま用超高速弁当箱炊飯器』は、すでに炊飯器を所有しているお客様が、買い替えではなく、買い足しで買ってくださる商品だからです。また少子高齢化で人口は減っているけれど、世帯数は増加しているので、〝おひとりさま〟が増えているだろうと見当をつけました。

だから『おひとりさま用超高速弁当箱炊飯器』は、最初は一万個で売り出してみようと考えたのです。ネッククーラーと同じで、ヒット商品になるという自信はあったのですが、自信は自惚れというか期待値みたいなものなので、万が一ハズレると損失が出て痛いですから、つい臆病になります。思い切って三万個で勝負だ、と考えなくもなかったのですが、ともあれ一万個でやってみて、様子を見ようという気持ちでした。

それで売り出してみると、予想どおり良く売れました。大きな手応えがあった。それで、「よし増産だ」と決めたのが発売から一か月後だったのですが、そのタイミングあたりから、予想もつかないほど注文が殺到してきたのです。これには驚きました。あまりにも急激な注文数の上昇だったからです。

その理由はすぐにわかりました。大きく分けて、二つの理由があったのです。

一つは商品の魅力を広めてくれる、セールス用語で言うところのオピニオンリーダーが出現したことです。

いま風に言えば「インフルエンサー」ということになるのかもしれませんが、タレントの佐藤栞里さんがご自身のインスタグラムに毎週、『おひとりさま用超高速弁当箱炊飯器』で炊き立てのご飯を食べている写真を上げてくれました。TBSテレビの『王様のブランチ』という番組の楽屋のスナップ写真だそうですが、彼女のインスタグラムのフォロワー数は一一〇万人を超えるほどの人気ですから、これで一気に『おひとりさま用超高速弁当箱炊飯器』の存在が知れ渡りました。

本当にありがたいのは、私たちから彼女にお願いしたわけではないということです。現代の宣伝広告の手法では、お金を払ってインフルエンサーになってもらうということがあるのでしょうが、そういう話ではないのでした。

そうこうしているうちに、お笑いコンビのバナナマンさんが、星野源さんへの誕生日プレゼントに『おひとりさま用超高速弁当箱炊飯器』を贈ったという話題が飛び出してきました。これも私たちからお願いしたことでは一切ありません。思いもよらないことでした。

佐藤栞里さんもバナナマンさんも、同じ機能や性能を持った商品があったならば、ひと味ちがう面白いモノの方を選ぶ、そして実際に使ってみたら楽しそうなものを選ぶ、という共通したセンスをお持ちだったのでしょう。この場合は、ただの一合炊きの炊飯器ではなく、出先で簡単に美味しい炊きたてのご飯が楽しめる弁当箱のようなデザインを持ったユニークな炊飯器を選んだ、ということです。

このセンスは、電化製品にかぎらず、ありとあらゆるモノがあふれる時代のコンテンポラリーな（同時代的な）センスです。こういうセンスは洒落が効いている。プレゼントする方も、される方も、モノだけではなく、この洒落っ気のあるセンスを、やりとりしながら楽しんでいるわけです。

佐藤栞里さんとバナナマンさんのファンのみなさんも、六九八〇円で買っていただければ、彼らと同じような体験ができて、同時代的なセンスを満喫し、日常生活を彩ることができるというわけです。こうしたオピニオンリーダーの登場によって、商品を多くのお客様に知っていただけたのだと思います。

新たな活用方法が考え出された

もう一つは、炊飯器としての機能を、お客様のみなさんが多岐にわたって使いこなして楽しむようになったことです。

まずはアウトドアでのご利用です。ソロキャンプが流行し、キャンプや車中泊のときに、ポータブル電源を使ってご飯を炊く方が現れました。ご存じのように、キャンプではガスやガソリンのバーナー、焚き火などによる炊飯が主流でしたが、火力の調整が難しく、一人分のご飯を美味しく炊くには何度も失敗しながら覚えていく工程が必要です。ところが、『おひとりさま用超高速弁当箱炊飯器』なら、ポータブル電源さえあればいつでもどこでも、安全に失敗することなく美味しいご飯が炊けます。

そして炊き込みご飯です。お客様から「五目釜めしの素をまぜて炊き込みご飯を作りました」とお知らせいただいたときは、これまた想定どおりで、我が意を得たりと思いました。それが次々と「親子丼」「アジの開き炊き込みご飯」「シンガポール・チキンライス」などへと、またたく間に広がったときは、お役に立っているという喜びを感じました。

一方、「早茹で三分間のスパゲティでナポリタンを作りました」とお知らせいただいたときは、さすがに想定外だったので驚きました。「インスタントラーメン」「インスタント焼きそば」「シャケの蒸し焼き」もやっていらっしゃると知ったときは二度目の驚きでした。こんなにもあらゆる方法で楽しんでいただけるとは思ってもいませんでした。

私たちは、お客様のみなさんから届いたたくさんのアイデアを、公式サイトで紹介させていただきました。つまり、お客様とのコラボレーションによって、商品の魅力をより広く深くアピールすることができたのです。

このように商品を面白がってくださり、楽しみながら自身の暮らしのなかへ取り入れてくださるお客様の登場によって、潜在的な機能が発見されると、商品の魅力はさらに深まり、売れ行きは加速度的に伸びていったのです。その意味では『おひとりさま用超高速弁当箱炊飯器』は、お客様に育てていただく商品に成長したといえるでしょう。

これまでサンコーは、お客様の生活の役に立つ、新しい仕組みの商品を廉価で売りたいということを第一に考えてきましたから、その商品をお客様に育てていただけたことは、家電メーカー冥利につきると思います。

現在、『おひとりさま用超高速弁当箱炊飯器』はサンコーのインターネット販売のみならず、家電量販店のケーズデンキさんの店頭でも販売されています。長く使い続けてくださるカスタマーのために、交換部品の販売も始めました。

さらに派生モデルも生まれました。炊飯しながら同時におかずも温められる『2段式超高速弁当箱炊飯器』です。価格は七九八〇円。二段式の下段で炊飯しながら、上段では自前のおかずやコンビニのパウチおかず、レトルトカレー、冷凍食品などを温めて、ほかほかのご飯と温かいおかずを同時に食べられるという商品です。サイズは幅と奥行きは従来商品と同サイズで、高さだけ三センチメートル増えましたが、炊飯にかかる時間は一五分間と、一分だけ増えました。

『おひとりさま用超高速弁当箱炊飯器』は、サンコーが家電メーカーなのだということをお客様のみなさんに広く深く知っていただいた商品になったのです。

『2段式超高速弁当箱炊飯器』（2020年）￥7,980

アイロンいら〜ず

三つ目に紹介するのは『アイロンいら〜ず』です。宣伝コピーで言えば「シワを伸ばす乾燥機」という商品です。

現行品の『アイロンいら〜ず2』は洗濯して脱水が終わったシャツ一枚なら、約三〇分で乾燥させてシワを伸ばします。そのまま着て行けるレベルまで仕上がります。ズボンも同様に乾燥させてシワを伸ばすことができて、ジーンズや綿のパンツなら一〇〇分です。靴下や下着も乾燥させられます。これで一万二八〇〇円です。

このアイデアは私が発案してまとめました。

というのもウチのカミさんが、汗をだらだらかきながらアイロンがけをして、「こんなに時間がかかる重労働はない」といつも文句を言っていたからです。だからといってクリーニング店

『アイロンいら～ず2』(2019年) ￥12,800

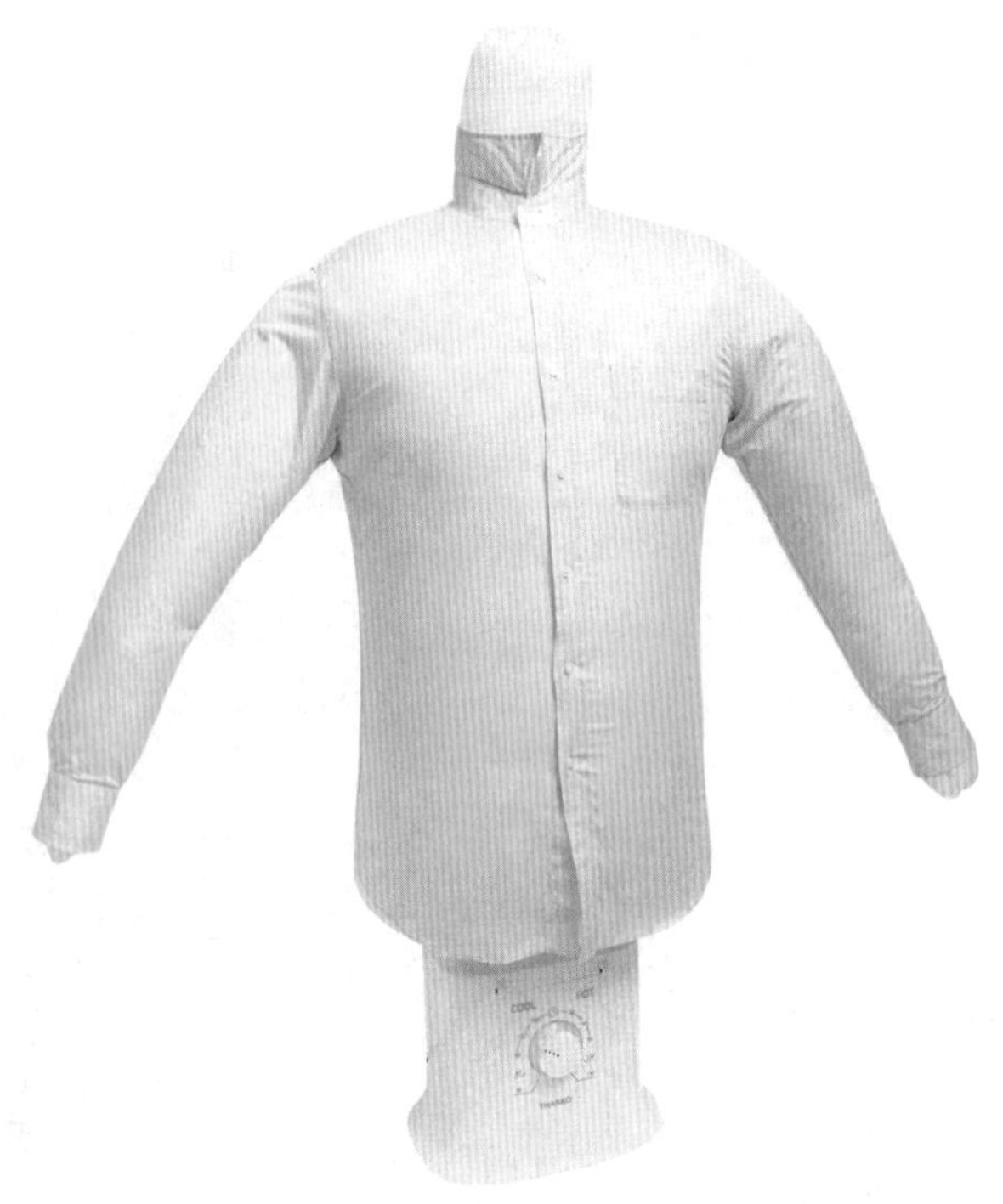

『温風ハンガー乾燥機』(2015年) ￥6,280

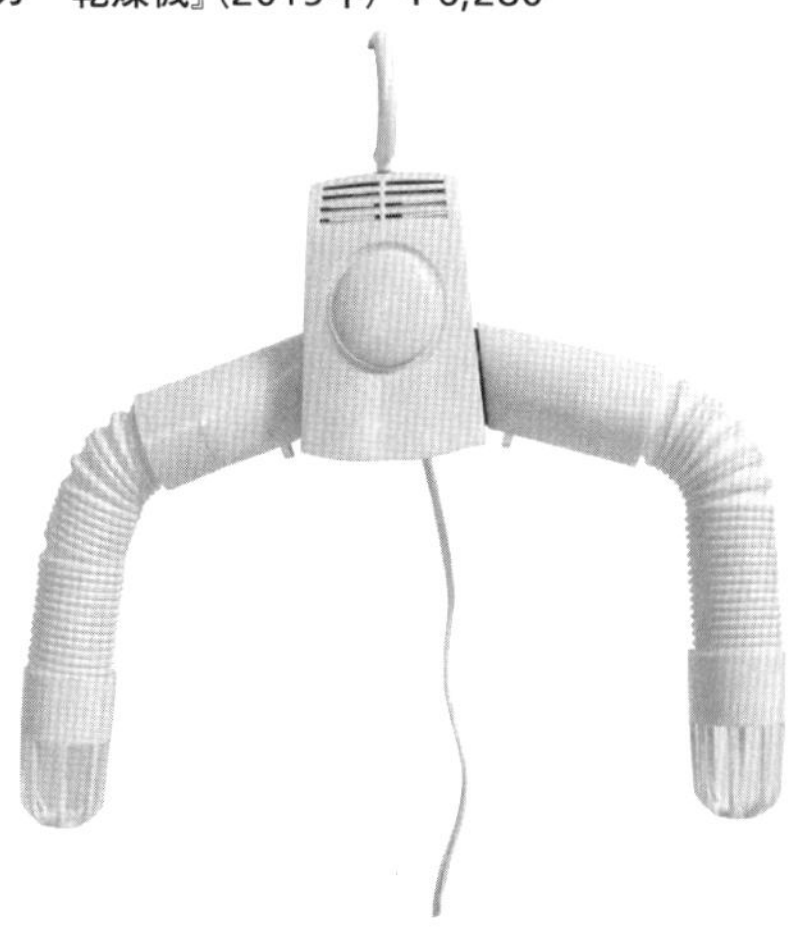

にシャツを一枚頼めば二〇〇円から二五〇円かかるから、それはお金がもったいないと言うのです。その文句を聞いているうちに、短時間で乾燥させて同時にシワを伸ばす仕組みはないものかと、私は考え始めました。

私にも思うところがありました。すでにサンコーでは二〇一五年から『温風ハンガー乾燥機』という商品を販売していました。ハンガー型の乾燥機で、シャツでもタオルでもズボンでも、靴まで乾かせる。価格は六二八〇円で、そこそこ人気があって、おかげさまで完売しました。しかし私は『温風ハンガー乾燥機』に、もうひと工夫が必要だと思っていたのです。シャツを乾かすとき、ハンガー型ですからシャツの肩というか腕の付け根や脇の下、つまり上から温風が噴き出すので、シャツの下半分を乾かすまでには時間がかかります。もっと短時間でパリッと乾かせないものだろうかと考えていたのです。そんなときにカミさんの文句というか要望を聞いたものだから、乾燥させるだけではなくシワも伸ばしてしまう仕組みがあれば、新商品になると思いました。

それで人間の上半身型のエアバッグにシャツを着せて、エアバッグに温風を送り込んで膨らませば、乾燥とシワ伸ばしが同時にできるのではないかと思いつきました。いや、正確な記憶はないのですが、もしかすると耐熱性のナイロン系素材があると知ったのが、エアバッグのアイデアに結びついたのかもしれない。どちらが先だったか忘れてしまいましたが、とにかく上半身型のエアバッグでやればいいと思いついたのです。

乾燥とシワ取り以外の思わぬ効用

それで布団乾燥機を改造して『アイロンいら〜ず』の試作品を作ってみたのです。もし布団乾燥機を流用できれば、開発のコストが下がりますし、廉価でお客様へ提供できると思いました。しかし、この試作品は失敗に終わりました。シャツを乾かすことはできるのですが、シワを伸ばすほどにはエアバッグが膨らまなかったのです。

そこで、温風を出すユニットを専用開発することにしました。このときも開発コストを考えて布団乾燥機のユニットで流用できる部分がないかどうかの検討をしましたが、結局はユニットすべてを新開発せざるを得ませんでした。

この新開発した温風ユニットを使った試作二号機では素晴らしい結果が出ました。シャツが三〇分で乾き、そのまま着てネクタイを締めても様になるぐらいにシワが伸びます。

同時に新しい機能も発見しました。洗濯前のシャツには何らかの雑菌がついていて、洗濯をしても取り切れなかった雑菌が、臭いを発生させることがあります。洗濯物からヘンな臭いがするときがあるのは、この雑菌のせいなのです。ところが『アイロンいら〜ず』では、温風の熱が雑菌を殺すのでヘンな臭いがしなくなりました。

便利で役に立つ『アイロンいら〜ず』が実現できたので、さっそく商品化して売り出しました。エアバッグは大小の二つのサイズをつけました。大はMサイズから3Lサイズまで対応し、小はSサイズからMサイズ用です。価格は八四八〇円でした。

発売するや否やすぐに人気商品になりました。二〇一七年八月下旬に発売して、一二月に集計したら、その年で一番売れた商品になっていましたから一万個近くは売れた計算です。

たくさん売れれば、お客様の声がカスタマーレビューでたくさん集まってきます。そのお客様の声で多かったのが「設置場所を選ぶ」「ズボンも乾かしたい」というご要望でした。

こうした声を受けて、すぐさま改良のためのモデルチェンジをしました。まず、初代モデルは本体ごとどこかに吊るして使用する必要があったのですが、これを自立するようにして、置

『アイロンいら〜ず2』にズボンをセットした状態

くスペースさえあれば設置できるようにしました。また、ズボンを乾燥させる下半身型のエアバッグを作って同梱しました。それが現行品の『アイロンいら〜ず2』です。価格はちょっと上げさせていただいたのですが、人気は衰えず、シリーズ累計二万個を超えて売れ続けています。サンコーのインターネット販売だけでこの売れ行きですから、家電量販店で販売するようになった今後はもっと売れるようになるでしょう。

現在は一度に複数枚のシャツやズボンを乾かせるものとなるよう、改良に取り組んでいるところです。

『アイロンいら〜ず』は、アイデアが面白いと言ってくださるお客様が多くいらっしゃいます。また、使っているときは生活スペースにオブジェのようなアートみたいなモノになると、面白がってくださる方もいます。なかには、なんだか目障りだなという方もいらっしゃるのかもしれませんが、日常で目にしないようなモノがあるので、未来的な生活をしているようだと楽しんでくださるファンがいるのです。こういうお客様の声を聞くと、とてもうれしいものです。ただ役に立つだけではなく、生活を楽しくする商品こそ、サンコーが理想とする商品です。

というわけで、ここまでは私たちサンコーの自己紹介を致しました。どのような会社で、どんな商品を販売しているのか、ご理解いただけたと思います。

次章からは、なぜ、このような業態の会社を創業したのか。どのように成長してきたのかについて、お話ししていきたいと思います。

〈サンコーのユニークなアイデア商品〉
『ボールペンde口臭チェッカー』(2021年) ¥2,980

いつでもバレずに口臭チェックできるペン型口臭チェッカー。本体のボタンを押して、ペンの上部に向かって息を目一杯吹きかけると、0〜4の5段階で臭いレベルが表示される。本体にバッテリーを内蔵しておりUSBで充電する。マスクをする機会が増え、自分のこもった息がなんか臭うという人が増えている。「いままで自覚はなかったけれど、けっこうにおっていたのかな……?」と気になっている方に。

第二章　マッキントッシュの衝撃

流されるままに生きてきた

私はいまでこそ「年商四四億円の世界最小の家電メーカー」の社長になっていますが、若い頃から「起業してやろう」と虎視眈々と狙っていたかといえば、そんなことは決してありませんでした。

大学時代は一九八〇年代中頃で、戦後の第二次ベンチャー企業勃興ブームではあったのですが、それはあくまでもビジネスに慣れた大人たちの起業ブームであって、学生のなかに起業熱が湧き上がっていたというわけではありません。もちろん、どんな時代でもビジネスを志す優秀な学生は、起業というものを考えているのでしょうが、いまのように就職と起業を同次元で考えるような時代ではなかったのです。とくに私はビジネスに関心がないどころか、まったく無縁でした。ましてや自分の人生設計さえ深く考えることもなく、会社員になって働いて食べていくのだろうと、漫然と思っていただけでした。起業なんてことを一瞬たりとも考えていませんでした。

むしろ、流されるままに生きていました。そういう人が起業して社長になってしまったというのが、私のこれまでの半生なのです。

生まれついての高い能力や精神性があったわけでもないのです。大きなチャンスに恵まれたかといえば、それもない。運は悪くはなかったのでしょうが、宝くじを買って五億円が当たるほどではなく、せいぜい五等の一万円が当たる程度の運の良さならあったかもしれません。

仕事が好きかといえば、好きでも嫌いでもありません。資産家の親がいて働かなくても生活していける、というような身分ではないから、仕事をしてお金を稼いで生きてきただけです。

仕事をしているうちに、働くことの面白さとか喜びを覚えたとは思いますが、三度のメシより仕事が好きかといえば、そうでもない。仕事は仕事だからする。何事も真剣にやらないと面白くないと思うので、人並みの働く喜びを知っている程度です。

だから私は、サンコーの社員のみなさんと同じで、働いて生活している平凡な人間だとつくづく思います。たまたま起業して、社員がひとりもいない会社の社長になって、会社を起こしたならば成長させなければ潰れてしまうので、成長させてきました。そういう流れに乗ってきただけなのです。流れに乗ってきたのは、自分にすぐれた能力が何もないからだと思います。

小学校時代の旧友に会うと、誰もが「お前が社長になるなんて考えもしなかった」と異口同音に言います。

人によっては、急成長していると言ってくれる人もいる会社の社長だから、さぞかしやり手でエネルギッシュな人物かと思ってくださるようなのですが、私があまりにも平凡な人間なので、みなさん「この人が本当に社長なのか」という顔をなさるときがあります。

私自身も、いま現在こうやって、「次は年商一〇〇億円をめざそう」と、サンコーの社長をやっているのが不思議でなりません。自分が自分でないような、よく知っている不思議な他人に思えることがあるほどです。

子ども時代のこと

私は一九六五年（昭和四〇年）に生まれました。生まれ育ったのは広島県の呉市です。呉市は昔から軍港と造船で有名な港町ですが、私の生家がある郷原町は、山のなかの人口二〇〇〇人ほどの町でした。町といっても、集落に家々が軒を並べているのではなく、山と田んぼと畑の風景がある盆地に家が点在している町です。商店は生活雑貨店がたった一軒あるだけでした。呉市の中心街へ行くには、バス停まで歩いて三〇分、それからバスで一時間半ほどかかる、陸の孤島のような土地で、呉市の中心街がとてつもない都会に見えてしまう。そういう山のなかの町で生まれ育ちました。

家は家族四人で、父親は小さな会社の勤め人、母親は主婦で、長男の私と弟です。郷原町あたりでは、裕福でもなく貧乏でもない、ごく普通の家庭でした。

小さな町なので、幼稚園、小学校、中学校は、いつも男女半々三三人ぐらいの、一学年ひとクラスでした。つまり幼稚園から中学校まで約一〇年間ずっと同じ顔ぶれです。他に逃げ場がないからか、みんな仲良くするしかないということを子どもでもわかっていて、だから不変の人間関係を維持しながらも、快適に過ごすために、それなりの遠慮や配慮があり、決してイジメはしない。ここでイジメがあったら、解決するのはとても困難だったでしょう。

勉強する奴は勉強していたのだろうけれど、表面的な競争はなかった。もちろん小競り合いのケンカとか、中学生になれば交換日記ぐらいの男女交際もあるのだけれど、誰もがゆったりノンビリしていた。そういう学校生活は、子どもなりの社会生活の知恵を育てるのでしょう。みんなとても仲良くしていました。

ただし私は、小さな地域社会が全面的には好きになれませんでした。息が詰まってしまうとか、逃げ出したいと思うほどではないのですが、ちょっとしたときに孤独と閉塞感を覚えていたのです。

たとえば小学校高学年になって、自転車で呉市の中心街まで行こうとしたら、道幅が狭くて交通量が多いから危険だと止められたりする。危ないというだけでなく、交通事故は世間に迷惑をかけることだという意味が大きくあった。あるいは、大人も子どももみんな野球が大好きで、広島だから赤い野球帽をかぶって野球をするのだけれど、私は野球に関心が湧かず、楽しめない。こういうときに、ふと孤独と閉塞感を覚えていました。

学校の成績は、はっきり言えば悪い方でした。零点坊主の劣等生だった時期があったり、掛け算九九を覚えるのにも長い時間がかかったりしました。小学校の担任の先生から発達障害と機能障害を疑われたことがあります。全くもって学校の勉強が合わなかった。

いま思えば、学校の勉強にまるで関心がありませんでした。勉強しないと偉くなれないし、いい暮らしができないぞと言われ、その意味はわかっていましたが、そのことにまったく関心がない。だからといって学校嫌いになって不登校になるわけでもなく、クラスで浮いた存在でもなく、学校生活はそれなりに楽しく、クラスの仲間とは仲良くやっていました。

その一方で、自分がやりたいと思ったことは夢中になってやり続けるのです。それは水泳と魚獲りでした。これは誰にも迷惑がかかりませんので、ひとりで楽しんでいました。

水泳は夏の学校のプール開きが待ち遠しくてたまらず、土日もプールが開放されていたから泳ぎに行っていました。小学校五年生のときだったと記憶していますが、台風の日にも学校のプールへ泳ぎに行ったものだから、当直の先生は呆れた顔をしながらも「山光は熱心だ」と褒めてくれたことがありました。このときはものすごくうれしかったのでよく覚えています。

魚獲りは近くの川や田んぼの用水へ行って、手網ですくう漁法一本槍でした。竹の棒の先に丸い網がついたもので、魚やザリガニ、カエルをすくい獲るのです。とにかく時間があればひとりで、手網を持って川へ行き、暗くなるまでやっていました。すくい獲った獲物は食べたりせずに、家の池に放したりしていましたから、獲ることだけに夢中になっていました。小学校の低学年のときから始めて、中学校の半ばまで、飽きがくるまでずっと夢中になってやっていたのです。

いったい何が面白かったのかと訊かれると困るのですが、やはり工夫し訓練しなければ獲物をすくい獲れないから、面白かったのでしょう。あるいは魚を獲った瞬間というのは、それぞれ状況や条件がちがった成功体験なので、一つひとつが新鮮な興奮と喜びの瞬間だったのかもしれません。

スリリングな要素にも惹かれたのだと思います。ひとりで川に入る行為は、リスクがあります。単独行動だったから、万が一のときに誰も助けてくれません。幸いなことに私は溺れるような事故を起こしてはいないのですが、夢中になりながらも、どこかで冷静な判断をしてリスクを回避していたようです。冒険してみたい年頃の少年が、その危なさをふくめて面白がっていたということなのでしょう。

こういう子ども時代の話を、私は人様にするタイプではないのですが、たまにそんな話題になると、「起業して社長になる人の子ども時代は、やはり個性的でユニークなのですね」と言われてしまうことがあります。しかし、私の場合は、視野が狭くて他の遊びを知らず、好きなことしかやらないワガママな時間と言った方が正確だと思います。ヒマだったので時間に流されていたというのが本当のところです。

ボンヤリとした人生の目標

そんな小中学校時代を過ごしていたので、高校受験になると近くの公立高校は受けさせてもらえず、合格する可能性があるのは、呉市内にある私立高校か遠くの公立高校だと言われ、私は私立高校へ進学しました。それで悔しい思いをしたかといえば、まったくそうでもなくて、勉強していない自分らしい平凡な高校生になったと思っていたのです。

町場にあるこの私立高校は実におっとりした校風で、ヤンキーっぽい奴はいるけれど、本気のヤンキーはいません。他の高校との抗争もありません。全国大会に出場するレベルの部活動もありません。熱心に受験勉強する奴はほんの少しです。またもやノンビリとした学校生活が始まりました。

ただ、その高校生活で、私は最初の人生の目標というものをみつけます。社会の仕組みも現実も、自分自身のことすらわかっていない高校生だったので、本気で人生の大きな目標を打ち立てたわけではありません。こういう仕事に就けたらいいなあという程度の寝ぼけ顔でみる夢だったのです。

それは学校の先生になるという夢でした。親戚のコネでなんとか潜り込めないか、という程度の幼稚な発想からとしか言い様がありません。

もちろん、学校の先生になりたいと思ったのには理由があります。

台風の日に泳ぎに行って褒めてくれた先生がいたと書きましたが、それがうれしくて先生という仕事はいいなと思ったことがありました。その先生は宿題を忘れるとゲンコツをふるうような強面の先生だったのですが、怒られてばかりいた私を、そのときは褒めてくれたのです。

高校でもいい先生に出会いました。高校にプールがないのに水泳部を創部した体育の先生がいて、「山光は水泳が好きだ」と友だちが言ったのを聞いて、私をスカウトしたのです。練習では厳しく指導されるのですが、勝ち負けにはこだわらない先生でした。「勝つためにがんばれ」とは言うけれど、がっちり練習して試合で精一杯がんばれば、負けたからといって怒鳴らない。練習はつらかったけれど、自分は水泳が大好きなんだと悟ることができた水泳部でした。

それで学校の先生になりたいという夢を持つのですが、高校で熱心に勉強したかといえば、しませんでした。教師になりたいのですから、次の難関は大学受験になりますが、受験した大学はすべて不合格でした。滑り止めで受験した大学にも落ちました。それで仕方なく浪人することになったのです。

浪人生になると神奈川県の横浜市へ出てきて予備校に入学することになりました。

横浜へ行ったのは、生まれ故郷で感じていたボンヤリとした閉塞感が何となく嫌だったし、そこに大学受験の失敗が重なってモヤモヤしていたのを、遠くへ行くことで吹っ切りたかったのだと思います。自分で調べて『産経新聞』の新聞配達員の奨学生制度をみつけて応募しました。朝夕の新聞配達をすれば、アパート代と朝と昼の食事をいただける制度でした。

しかし、やっぱり私は流されるままに浪人生活をすることになります。努力をして踏ん張らなければと頭ではわかっていても、体も心も反応しないのです。人生という海に浮いているのだけれど、泳ぐ気にもならなければ、魚釣りをする気にもならない。海に浮いて、ただ流されているだけなのでした。

それはいまにして流されていたのだとわかることであって、その頃に感じていたのはモヤモヤというような状態だったと思います。流されているのか、目的に向かって前進しているのか、自分でもよくわからないような気分でした。そういう状態をモラトリアムと呼ぶのだそうですが、そのときはモラトリアムであるかないかすらわかっていません。

新聞配達のアルバイトは、朝三時三〇分に起きて、販売店の作業場で新聞に多くのチラシを入れ込んで準備し、スーパーカブで配達してまわる。それから予備校へ行って授業を受けて、午後三時から夕刊を配る。夜は弁当を買ってきて食べて寝る。

その生活サイクルは慣れてしまえば苦にならないのですが、私の心が折れたのは大雨の日の配達でした。私自身がずぶ濡れになるのは仕方がないことで我慢できたのですが、どんなに工夫しても商品たる新聞が濡れて雨水を吸い込んでしまう。当時はビニールの袋に入れるサービスをしていなかったから、濡れて読めない新聞を配ることになる。新聞を待っているお客様から、濡れていると文句を言われたことは一度もなかったし、逆にみなさん優しい言葉をかけてくれるのですが、ものすごく申し訳ないことをしていると思ったとき、心がぷつりと折れてしまった。このアルバイトは続けられないと思いました。アルバイト生活を止める口実をみつけたかったのかもしれませんが、私の性に合わない仕事でした。

両親に甘えるしかなく、仕送りを増やしてもらい、新聞配達のアルバイトをやめました。裕福な家ではないから、両親に苦労をかけると思いましたが、他に方法がありませんでした。予備校へ通い、食べて寝るだけの、小遣いもないようなギリギリの生活が始まりました。もう逃げ場がないから受験勉強するしかないのです。

それで翌年は、何とか合格して駒澤大学の文学部歴史学科へ進学しました。しかし合格したとたんに、またぞろモヤモヤとした気分が心に広がって、私は締まりのない学生生活を始めてしまうのでした。

こんな生活をしていたらヤバい

四月に入学式を終えてから、七月まで大学へ行く気になれませんでした。

いったい何をしていたかといえば、新しく都内に借りた六畳一間の風呂なし学生アパートで、寝っ転がって漫画を読んで暮らしていました。『少年ジャンプ』『少年サンデー』『少年マガジン』『ヤングサンデー』『ヤングマガジン』が当時の愛読書です。

漫画オタクというわけではなく、月並みな読者にすぎず、『北斗の拳』の緻密な絵がいいとか、『Dr.スランプ アラレちゃん』の絵がきれいだな、『ドラゴンボール』はどんな敵が出てきて、いかに戦い勝つのか負けるのか、と思って読んでいるだけで、ようするにヒマつぶしでした。毎週五冊ずつ漫画雑誌が溜まるから、月に一度二〇冊まとめて捨てに行くのがひと仕事です。

たまに映画を観に町へ出たけれど、痛快なハリウッド映画ばかりです。小さな劇場にかかる文学的な映画には興味をひかれませんでした。あとはコーラを飲んでポテトチップスを食べて、食事は弁当という日々を送っていました。他にやりたいことがないし、何かに夢中になることもなかった。

そういうモヤモヤした生活を三か月続けていました。このままだと留年になって親に苦労をかけるのはマズいと気がついて、大学に行ってみたのですが、同期の学生からも教職員からも「おまえ誰だ」という目で見られました。授業は知的刺激を感じず退屈で、大学の隣にあった大きな駒沢公園のベンチで、寝っ転がっていることが多かったです。こんな生活をしていたらヤバいと思っているのだけれど、まだまだモヤモヤしていました。

まさにその時でした。一九八四年の六月の終わり頃だったと記憶しています。

ビジネス雑誌を部屋で読んでいたのです。その雑誌の名前も、なぜ、ビジネス雑誌を読んでいたのかも覚えていません。ビジネスには何の興味もなかったから、そのビジネス雑誌で特集されていた、ひとつの記事に興味があったのだと思います。

それはパーソナルコンピュータの特集記事でした。まだ「パソコン」とか「ＰＣ」という言葉すらなかった時代だったと思います。

アメリカのアップルコンピュータ社（現在のアップル社）が、いままでにない方向性の廉価なパーソナルコンピュータであるマッキントッシュを発売したという記事でした。

マッキントッシュとの出会い

無我夢中になって記事を読みました。何度も読み返したと思います。

初代マッキントッシュは、本体と九インチのモノクロディスプレイが一体となった長方形の箱型の筐体(きょうたい)を持っていました。雑誌に掲載されていた初代マッキントッシュの写真を食い入るように見ると、その筐体は、見たことがないカタチだと思いました。テレビのようだと思った人はいるでしょうが、私には未知のマシンのカタチといいのか、カタチそのものに猛烈な未来感を覚えました。

三・五インチのフロッピーディスクとワンボタンのマウスを使うと書いてあったけれど、私

初代マッキントッシュの広告

にはどちらも見たこともない知らないものでした。なにしろそれまでコンピュータには一切興味がなかったのです。当時は日本語ワードプロセッサ専用機が登場してきた時代ですが、私はそのワープロにさえ興味がありませんでした。

しかし、このビジネス雑誌の記事がよくできた記事だったようで、私はパーソナルコンピュータの「パーソナル」という意味が、すとんと頭のなかに入った。そのことで爆発的な興味が発生しました。

もちろんコンピュータという高性能電子計算機があることは知っていたけれど、それは高度な分野の研究や技術開発をする人たちが使う特別なマシンであると思っていました。大学や企業の研究機関が所有して、専門家しか理解できないような複雑な計算を光の速さでするマシンというイメージです。あるいは大気圏の外へ飛ぶロケットや宇宙ステーションで必要とされるマシンでした。当然のことながら個人の生活には必要のないもので、値段は想像もつかないほど高額なのだろうと思っていた。

ところがアップルは、それを個人向けコンピュータとして開発したのだと、記事は教えてくれたのです。

このアップル・マッキントッシュは、コンピュータの高度な性能を、たとえば個人が文章を書くときに役立てることができると記事には書いてありました。

その方法は、すこぶる新鮮で興味深いものでした。まず、頭に浮かんだ文章を、キーボードでタイピングして、とにかくざっと書き、これがディスプレイに表示され下書きになります。次の段階はディスプレイの下書きを、読み直して推敲(すいこう)します。ディスプレイに表示された文章は活字体だから、自分で書いた字ではないので、客観的な推敲が可能になります。つまり自分が書いた文章を、読む人の立場に立って推敲することができます。しかも、ディスプレイ上でセンテンスを入れ替えたり、修飾する言葉と修飾される言葉の関係を修正したり、句読点の位置を再考したり、文末の活用のダブリがないかどうか検討することができます。

ようするに文章の素人でも、マッキントッシュの力を使えば、文章修業をしたプロの作家がするような執筆作業ができるということです。このことは現在では当たり前だと思われるでしょうが、一九八四年の時点では個人でこんなことができるのかと、驚いたなんてものではなく、びっくり仰天という他はありませんでした。

個性を表現するためのツール

もうひとつ関心が高まった理由があるとすれば、私は字が上手くないということです。字が汚いというか、大人の字になっていないというか、自分の書く字にコンプレックスがありました。だからマッキントッシュを使えば、そのコンプレックスが克服できて、文章を書くことが苦痛にならないだろうという期待がありました。たしかにマッキントッシュはフォントの開発に熱心で、他社ブランドのパーソナルコンピュータとちがって明朝体とゴシック体の二種類だけではなく、豊富な書体を揃えていたので、これならば私も積極的に文章を書く気持ちになるなと思いました。大変に便利というだけではなく、書く人の気持ちを刺激してくれるところがいいなと思ったのです。

初代マッキントッシュは、マウスを使って絵を描くこともできました。マウスをペンのように使って自由自在にディスプレイに絵を描いて、消して直して、マッキントッシュの高性能を楽しみながらイラストレーターのように絵が描ける。これにも驚きました。絵が下手でもマッキントッシュを使えば、描いたり消したり直したりで、素人でも意欲や興味を失わずに自分なりの絵が描けるのです。

そして、私が何よりも感銘をうけたのは、個性を表現できるコンピュータであることでした。ビジネス書類を書いたり、プレゼンテーションのためのグラフを描いたりする仕事のためだけのツールではなく、個人のクリエイティビティを表現できるツールでした。こういうツールは、いままでにない、まったく新しい道具だと思いました。

パーソナルコンピュータを手にした者は、個性を現代的に発揮することができて、それが人生をより豊かに楽しくする――アップルはそう考えて、マッキントッシュを開発したのでしょう。この発想がすごいと思いました。発想というよりは哲学ではないかとさえ考えました。マッキントッシュは、まるで私のために生まれたパーソナルコンピュータだと思いました。

私は、まだマッキントッシュを手に入れていないどころか、触ってさえもいないのに、アップルのファンになってしまったのです。

ちなみに初代日本語対応マッキントッシュは日本で六四万八〇〇〇円でした。ラーメン一杯三七〇円ほど、大卒初任給約一三万円、カラーテレビが一五万円の時代の、六四万八〇〇〇円はハイグレードな軽自動車が新車で買える値段でした。貧乏学生にとっては、恐ろしく高価なものであったことは言うまでもありません。

世界中の人が同じスタートラインに立った

もうひとつ、パーソナルコンピュータの登場を知って、気がついたことがありました。それはコンピュータの時代がこれから始まるということです。

そしてその時代は、印刷技術が発明されてから誰もが読書をするようになったことや、自動車が発明されて大量生産されたから誰もがマイカーを持ちたいと願うようになったように、これからは誰もがパーソナルコンピュータを使って仕事や生活を充実させる時代になるだろうと思いました。

当時のマッキントッシュは、おいそれと買えない高価なものでした。ですが、近い将来には大量生産されて廉価になると思えました。それは産業技術時代の必然でしょう。

つまり世界中の人びと全員が、パーソナルコンピュータ時代のスタートラインに一斉に立っているということです。もしそうだとすれば、全員が同じ条件というか環境にいることになります。誰かが先んじているとか、歴史的に強固な伝統があるとか、遅れてきた者が必死になって挽回する必要がないというか、みんなが平等にスタートラインについているわけです。

この気づきが、それまでの私の「モヤモヤ」を吹き飛ばしてしまいました。生まれ故郷の小さな町で何となく閉塞感を覚えてモヤモヤし、学校の勉強に関心が持てなくてモヤモヤし、大都会へ出てきて慣れない生活にモヤモヤし、大学へ進学しても相変わらずモヤモヤしていた私の、すべてのモヤモヤが吹き飛んだ気がしました。

ビジネス雑誌のマッキントッシュの特集記事を何度も繰り返し読んだ私は、ただちに行動を開始しました。六畳一間のアパートから飛び出して、近所の大きな書店へ駆け込み、コンピュータ関連の雑誌をいくつか選んで買いました。もっともっとパーソナルコンピュータについて知りたくなったからです。当時はインターネットの時代ではありませんから、最新の情報が欲しければ書籍に頼らねばなりません。そのとき書店ではコンピュータの専門的な単行本も吟味しましたが、専門的すぎて私には理解できない内容だったため、まずは雑誌で情報を得るしか方法がありませんでした。

マッキントッシュを買うために

そしてもう一冊、そのときの私にとって重要な情報が掲載されている雑誌を買いました。『日刊アルバイトニュース』です。一冊一〇〇円だったと記憶しています。

これもいまの若い人たちには理解できないでしょうが、当時はインターネットがなかったので、アルバイトを探すためには、この『日刊アルバイトニュース』を買うのが定番でした。この日刊誌には、ありとあらゆるアルバイト求人の情報が盛りだくさんに掲載されていました。アルバイトをしたい人は必ず『日刊アルバイトニュース』を買っていたものだと、当時を肌で知る人びとは断言するはずです。

この雑誌を買ったのは、もちろんアルバイトに精を出して、ハイグレードな軽自動車ほどの値段のパーソナルコンピュータを買うためです。

選んだアルバイトは、缶の印刷をする工場の夜間労働でした。徹夜のアルバイトですが、これがいちばん時給が高かったのです。当時の一般的なアルバイトの時給は五〇〇円ぐらいでしたが、徹夜の工場アルバイトは六〇〇円を超えていました。まだ週休二日制度が普及していない時代ですから、私はとにかく休むことなく、一心不乱に徹夜のアルバイトを続けました。一日でも多くアルバイトすれば、それだけ早くパーソナルコンピュータを手に入れることができます。疲れたなどとは一度も思いませんでした。

缶の印刷工場で徹夜のアルバイトに励む一方で、私はコンピュータ関連の雑誌を読み漁っていました。一九八四年の時代はまさにパーソナルコンピュータの普及期でしたから、コンピュータ雑誌も次々と創刊されていて、それらの雑誌を買っては読み耽っていたのです。当時はまだ「ＰＣ」という言葉が生まれておらず、「マイクロコンピュータ」の略、あるいは個人所有のコンピュータという意味で「マイコン」と呼ばれていたと記憶しています。マイカーなどと同じ発想の造語でしょう。

そのマイコンを私はまだ手に入れていないのに、コンピュータ雑誌をあれこれと買い漁っては読み、毎晩、購入資金を作るために徹夜のアルバイトへ通っている。完全にコンピュータ漬けの日々を過ごしていたのです。

それはそれは楽しい日々でした。コンピュータ雑誌を読み始めた頃は、専門用語がわからないから記事の内容を理解できないところがあり、そもそもコンピュータを所有していないのだから、わからないことだらけです。それでも読み続けていると、だんだんと知識が増えてきて、わかることが多くなると、さらに読むのが面白くなる。

学校の勉強はからっきし合わなかったけれど、こういう自分でする学習は夢中になれるし文句なく楽しいものでした。好きなことを学ぶというのは、こんなに楽しいのかと思いましたが、かといって真面目に大学へ通う気にはなりません。

いま考えてみれば、このコンピュータに初めて夢中になったときも、実は私は、コンピュータのブームにはまって流されていたのだと思います。好きなことだけ夢中になってやるのは、仕事をしたことがない若者の特権かもしれませんが、しょせんは流されていたのでしょう。

さて、コンピュータの知識が頭に入ってくると、アップル以外のパーソナルコンピュータが気になってきました。具体的に言えば、評価が高かったNECの『PC－8001』がいいかなと思い始めたのです。『8001』は日本製パーソナルコンピュータの一時代を築いたモデルで、人気機種でしたから、モデルチェンジを重ねて廉価になり、たしか一〇万円ちょっとで買えました。この値段ならばアルバイトの給料一か月分で買えたからでしょう。『8001』を買おうかなと考え始めていました。

でも、雑誌で得た情報から考えると、マッキントッシュとはやっぱり方向性が決定的にちがっていました。『8001』はあくまでもビジネス系の機種なのです。でき合いのソフトが少なくて、自分でプログラミングして活用していく方向だと思いました。ようするに素人が勉強しながらプログラムを操るようになっていって、『8001』のプロになるというか、精通して使いこなしていく機種でした。その意味で『8001』を使いこなせる人にとっては強力な

NEC『PC-8001』

ツールになったと思います。つまりビジネスの道具としてのパーソナルコンピュータだったのです。

早くコンピュータに触ってみたかった私は、『8001』を買う直前までいきました。しかし、よくよく考えてみると、私がアップルに魅了されたのは、それが人生を楽しくするパーソナルコンピュータだったからです。そもそも仕事をしていない学生に、ビジネスの道具である『8001』は必要ありませんでした。私はパーソナルコンピュータそのものに魅せられていたのではなく、アップルの商品と哲学に強烈な片思いをしていたのです。ですから、私にとってのマイコンはマッキントッシュでなければならない。そう気がつき、『8001』の購入を思いとどまりました。

マウスに込められた哲学

アップルの初代マッキントッシュは、欧米ではベストセラーモデルだったそうですが、一九八四年当時の日本で所有していた人は、おそらく一〇〇〇人もいなかったと思います。

したがってアップルについての本質的な情報が、日本の雑誌で豊富に読めるというわけではありませんでしたが、断片的な情報や噂が雑誌の記事になって、少しずつ日本へ流れ込み始めた時期でした。

だから私は、アップルの考え方やマッキントッシュの意味を体系的に学んでいたのではなく、雑多な知識がバラバラと頭の中に入ってくるという状態でした。難しい専門書もあったのでしょうが、素人の学生が読んでわかるような本はなかったと記憶しています。

たとえばマッキントッシュは、初代モデルからワンボタンのマウスなのですが、これがなぜワンボタンなのかを、私は知りませんでした。知らなかったのは、それだけではありません。NEC『PC-8001』にはマウスがないのに、なぜマッキントッシュにはマウスがあるのかということも疑問にすらならない。誤解がないように書いておきますが、まだウィンドウズが発売される前の時代です。

素人ですから、初めて見た初代マッキントッシュにマウスがついていれば、パーソナルコンピュータにはマウスがついているのだと思い込んでしまう。ところが後になって『8001』にはマウスがないのだと気がついても、問題意識が芽生えてこない。それほど何も知らない。

アップルがマウスを開発する際に、人間はいかにマウスを使うのか、という哲学的な議論を延々と続け、そのボタンが一つか、二つか三つにするかが大問題となり、試作とテストを繰り返していたことなど、もちろん知りません。アップルはパーソナルコンピュータを開発しながら、人間とパーソナルコンピュータは、どのような関係性にあるべきなのか、いわば人間の研究までしていたわけですが、そんなことは当時の私にはわからないのです。

目の前の近未来的マシンであるマッキントッシュに魅了され、心底から憧れているだけで、考えるという余裕がない。憧れが強ければ強いほど、そのものの本質に目が向いていくのだけれど、知識も経験も不足していて、それが何だか理解していない状態だったとしか言い様がなかった。

しかし、後になって晴れてマッキントッシュを買って使いまくっているうちに、マウスはマッキントッシュとそれを使う人間にとって、もっともベストなアイテムだということに、ふと気がつくときがくるのです。

マウスのワンボタンも同じです。夢中になってマウスを握ってマッキントッシュを操ろうとして、腱鞘炎になるぐらいにやっていると、やっぱりマウスはワンボタンがベストなのだと気がつくのです。何度も何度もマウスを手で操作しているうちに、手がワンボタンのマウスの使い勝手の良さを覚えてしまう。ようするに身体的にワンボタンのマウスの合理性というか使い勝手の良さを納得してしまう。その身体的な納得感覚が、脳へ伝わって、ようやく頭で理解ができるという体験がおとずれる。

まるで開発者と心が通ったような感覚

さらにそのとき、いままで断片的に得ていた情報が、ひとつの体系的な理解を作るのです。まるでジグソーパズルをやっているようなものでした。初めてジグソーパズルに挑戦するときに、バラバラなピースを袋から出して、何が何だかわからないなと思いながらも、まずは色分けでもしてみようと考えて、ピースを色で分けてみたりする。そして次にピースひとつひとつの色と形を分類する。そんなことを延々とやっているうちに、あるとき完成形の絵をふと見ると、頭のなかでバラバラだったピースが、あっという間にひとつの絵になっていくときがくる。そんな感じでマッキントッシュのことが理解できたのです。

ひとつのエピソードを知って、自分の気持ちが理解できたこともありました。それはアップルの技術者が取材に来たマスメディアの人たちにマッキントッシュについて説明しているシーンを描いた記事を読んだときです。そのときアップルの技術者は、マッキントッシュを手で撫でながら説明したという逸話でした。まるでペットの犬や猫の頭を撫でるようにマッキントッシュを撫でている。この記事を読んだとき、私自身がまるでペットのようにマッキントッシュを扱っていることに気がついたのです。

その気づきは、極東の日本にいる名も無い「私」というひとりのユーザーが、アメリカで活躍するアップルの技術者たちと心が通った、という不思議な感覚をもたらしました。これには感激しました。会ったことも話したこともないアップルの技術者たちの考えが、マッキントッシュを使うことで、時空を超えて私とつながったのです。

そしてこの感激は、アップルのインターフェイス技術の深さを理解するきっかけになったのです。アップルの技術者たちは、ユーザーがパーソナルコンピュータをペットのような存在だと思ってくれれば、ユーザーの生活がより便利に楽しくなると考えたのでしょう。まさに私自身が気がつくとマッキントッシュをペットのように可愛がっていたからです。

しかし、マッキントッシュを何がなんでも買うんだと思って、アルバイトに励んでいる頃の私は、そんなアップル・ユーザーの世界が待っているとは考えもしません。ただひたすら夜勤のアルバイトに来る日も来る日も精を出していました。

マッキントッシュのある生活

こうして私はマッキントッシュを買うことができたのですが、当初の想定よりも大幅に高い金額をつぎ込むことになります。

初代日本語対応のマッキントッシュは『マッキントッシュプラス』と名づけられるのですが、それは定価六四万八〇〇〇円でした。当時、日本でアップル製品を販売していたキヤノン販売（当時）が、英語版の『マッキントッシュ』に独自開発の漢字ＲＯＭを搭載して、日本語版にして発売したのです。

私は、アルバイトで貯金した頭金を元手にして学生ローンを組み、秋葉原のマッキントッシュを売っている専門店へ行って、憧れの『マッキントッシュプラス』を買いました。それからは時間があれば、常にマッキントッシュをいじくり回す日々になっていきます。夜になると夜勤のアルバイトへ出かけ、朝帰ってくると少し寝て、それから夜までマッキントッシュをいじっている。たまに大学へ行って留年しないように授業に出席する。

マッキントッシュが趣味でありペットだという段階は、すぐに通り越してしまって、生活の中心になっていきました。ようするにマッキントッシュのために日常生活があるというか、マッキントッシュのために生きているような日々でした。

マッキントッシュで絵を描くトレーニングを積んでイラストレータとか漫画家になろうというのではなく、ただ絵を描いて喜んでいるだけです。日本語の文章も書くのだけれど、作家やライターになりたいというワケでもない。その頃、個人所有のコンピュータは通信などしていないから、インターネットで豊富な情報を得るとか、電子メールで世界中に会ったこともない友だちを作るなんてこともない。

いま思えば、子どもの頃から何となく流されて生きてきた私は、今度はマッキントッシュに流されていたのです。ただし、カッコいい言い方をすれば、マッキントッシュそのものを夢中になって研究し、アップルの技術哲学に触れていたことだけは確かです。

こうしてマッキントッシュをいじくりまわしているうちに「爆弾マーク」(致命的なシステムエラーが発生した際に表示されるアイコン)が出てきてしまったらどう対処するか、といったような使い方とか、あるいはコンピュータの仕組みそのものに精通するようになりました。

だからといってプログラマーになろうとか、自分のオリジナルなコンピュータを作ろうというような方向には行かないのですが、アップル・マッキントッシュへの興味は深まるばかりで、やがてアップルが発売するというレーザープリンターが欲しくなりました。これは一〇〇万円近くの定価です。でも、気がつくと買っていました。もちろん、それでDTP(Desktop Publishing:デスクトップ・パブリッシング)を学んで印刷をやろうとか、グラフィックデザイナーになろうなんてことは考えてもいない。そもそも私の生活にレーザープリンターなど必要がないのです。大学に提出するレポートを書いて印刷するぐらいのもので、それは年に二度か三度です。そんなことに一〇〇万円もつぎ込んでしまう。ただひたすらアップルの世界に触れているだけで楽しいから、文章やイラストを書いては印刷して喜んでいるだけでした。

でした。

アップル専門店の店員に

そういう生活をしていた結果、どのようなことになったかと言えば、秋葉原でアップル製品を販売する独立系ショップのアルバイト店員として雇ってもらえることになりました。当時は秋葉原でもアップル製品を販売しているショップは二店しかなく、数少ないショップのひとつでした。

純粋技術的な専門知識はないけれど、使い方にはそれなりに精通しているから、販売説明ぐらいはできます。マッキントッシュを買いたいというお客様の相談に応える程度の商品知識は十分に身についていたわけです。

ただし、このアルバイト店員もズルズル流されてなったようなものです。アルバイトしながらアップルの世界に触れていられる喜びはありましたが、その販売で身を立てようなんてことは考えてもいない。いいアルバイトが見つかったなとしか思っていませんでした。

マッキントッシュと出合って夢中になってしまった理由は、いまもってわかりません。なにしろ、この一九八四年は前年に任天堂『ファミリーコンピュータ』が発売され、大ブームが始まりつつあった時期です。『マリオブラザーズ』にみんなが夢中になっていたのですから、流されやすい私もそっちの方向へ行った可能性は小さくなかったはずですが、興味の対象は、なぜかマッキントッシュでした。解明できない複雑な心の動きがあったのか、それとも単純な閃(ひらめ)

きのようなものだったのか、自分でも理解できない、不思議な経験でした。

しかし、このアップルの独立系ショップでのアルバイト店員になったことが、私が起業する最初の一歩になったのは間違いないことです。

「世界最小の家電メーカー」であるサンコーは、たしかにここから始まったのです。

〈サンコーのユニークなアイデア商品〉
『かた〜ゆ』(2020年) ¥9,980

工事不要の後付け式肩ながし湯マシン。お湯を循環する方式のため、電気代やガス代も心配せず使用できる。ポンプ内にフィルターを内蔵し、お湯をきれいにする効果の他、本体は頭をもたれてリラックスできる形状となっており、浴槽の枕(バスピロー)としても機能する。

第三章　サンコーを起業するまで

イケショップの社長との出会い

私が秋葉原のアップル製品を販売する独立系ショップのアルバイト店員になったのは、一九八五年（昭和六〇年）のことでした。大学二年生になっていて、一浪していたから二一歳になる年です。

イケショップという小さな店でした。当時、アップルの日本の販売代理店だったキヤノン販売と契約して、正規輸入のアップル製品を販売しているショップでした。秋葉原には並行輸入したアップル製品を販売しているショップもありましたが、アップルというパーソナルコンピュータのメーカー名を知っている日本人は、おそらく一〇〇人に一人もいなかったでしょうから、正規輸入のショップも並行輸入のショップも、それぞれ一軒しかなかったと記憶しています。もちろん現在のような垢抜けたアップルショップはありませんでした。

当時四〇代だったイケショップの社長は、青二才の学生アルバイトから見ても、先見の明があるタフなビジネスパーソンでした。秋葉原がまだ昔ながらの電気街だった頃から、電子パーツの販売や卸しを商っていた人だと聞きました。『スペースインベーダー』が爆発的なブームになったときに、そのゲーム機の基盤チップを売るというビジネスチャンスをつかんで成功したそうです。

いまの若い人に『スペースインベーダー』と言っても、きっとわからないでしょう。一九七〇年代後半に日本で一世を風靡(ふうび)した電子ゲームです。この時代は個人が家庭で遊ぶ、いわゆる「テレビゲーム」と呼ばれる商品はアメリカでは販売されていましたが、日本ではまだ普及していません。『スペースインベーダー』もボウリング場や喫茶店などにあって、一回一〇〇円で遊ぶアーケードゲームでした。東京の喫茶店でコーヒー一杯が三〇〇円ぐらいだったので、コーヒーを飲んで『スペースインベーダー』で遊ぶと、それだけで四〇〇円です。ゲームのテクニックを上達させるためには、もちろん一〇〇円では済まない。それでも高校生から会社員まで、多くの人たちが夢中になりました。やがて『スペースインベーダー』は、街角に広がりゲームセンターになって、今度は小中学生をも巻き込み、まさに一世を風靡する巨大ブームが出現します。

この『スペースインベーダー』の巨大ブームは、電化製品のイノベーションが到来したことを告げる社会的な現象になりました。それまで電化製品といえばテレビ、洗濯機、冷蔵庫、エアコンといった生活に役立つものばかりだったのですが、電子ゲームは娯楽のための電化製品でした。それがなくては生きていけないという生活必需品ではありません。しかし『スペースインベーダー』が、後にさらに巨大なファミコンブームを生むことになるのですから、この電子ゲームの分野は、電化製品の新たなマーケットだったのです。そのことは現在の電子ゲームのブームとパソコンやスマートフォンの使われ方を考えれば、すぐにわかることです。電子ゲームはeスポーツという新しいスポーツを生み出し、パソコンとスマホは生活必需品の情報通信機器であるだけでなく、娯楽の道具でもあります。

こういう新しいマーケットは、新しい企業が次々と登場して開拓していくものです。既成の企業は必ず一歩遅れをとります。電子ゲームの場合も、電化製品メーカーのなかでは若いメーカーだったソニーが『プレイステーション』を投入して、世界的なマーケットを開拓してみせるわけですが、そこにはやっぱり新しい若い発想があったわけです。

イケショップの社長は、もともと先進的な電子パーツのビジネスをやっていたことから、『スペースインベーダー』のブームをつかまえて成功した人でした。その成長の流れのなかで先見性を発揮し、一九八〇年代初頭にパーソナルコンピュータのビジネスを開始して、マッキントッシュの販売店を開店していたのです。イケショップの社長は、後に秋葉原に二つも三つも商業ビルを所有する成功したビジネスパーソンになっていきます。

そういう先見の明があり、ビジネスに長けた社長が経営する、マッキントッシュ販売店のアルバイト店員になった私ですが、間近で見る社長のビジネスを学んだかといえば、そんなことはまったくなく、そのような考えにもいたりませんでした。六畳一間のアパートでマッキントッシュをいじって遊び、マッキントッシュに囲まれてアルバイトするだけで楽しくて仕方がないという学生でした。

マッキントッシュの話ができるだけで楽しかった

当時はまだ珍しいマッキントッシュ販売店のアルバイト店員になった私ですが、最初は接客販売が苦手でした。新聞配達や工場作業の仕事をしてきましたが、物を売る仕事は初めてです。なにしろ田舎から出てきた大学二年生ですから、マッキントッシュの知識はあっても、いかんせん喋りが下手で、東京の言葉が身についていない。

そのことはイケショップの社長もわかっていて、私を採用してくれたのだと思います。マッキントッシュが好きで、その使い方に精通しているのだから、鍛えて成長すれば販売員ぐらいは務まるだろうと思われたのでしょう。販売員がダメでも、商品知識があるから裏方で働かせてもいいかと考えていたのかもしれません。マッキントッシュの使い方を知っている若い人材は、きわめて少なかったから、ただそれだけの理由で採用されたというのが本当のところでしょう。

したがって最初の仕事は、店舗に立つというより、裏方で在庫品の整理をしたり、メモリの増設作業をしたりしていました。やがて店舗に立って販売する仕事も始めました。手際良く売るというよりは、一生懸命に説明するしかない、お客様対応を始めたのです。

イケショップのお客様は、マッキントッシュを一目見て、買えるものならその場で買おうと、わざわざ来てくださる方ばかりでした。たまに興味本意や新し物好きのお客様がぶらりと入ってきますが、パーソナルコンピュータというものが、どういうものなのかをご存じありませんから、そこから説明しなくてはなりません。それで理解してもらえることは少なく、もし理解してくれたとしても、値段をお伝えするとビックリ仰天されて、退散されるというのがオチでした。それはそうです。こんな小さな機械なのに、クルマ一台分の値段です。

最初の一台が売れたときは、心底からうれしかった。もちろん、購入するつもりでわざわざイケショップまで来たお客様でしたが、一生懸命説明して、見積もりをお出しして、マッキントッシュ一式を一〇〇万円ほどで買っていただいた。もしかすると、学生アルバイトが一生懸命になって説明しているので、かわいそうになって買ってくださったという感じもあったのかもしれませんが、とにかく一台売れれば、調子に乗るというか、自信らしきものは身についてくるものです。

小さな店舗に、マッキントッシュを四、五台並べて、アクセサリーや周辺機器を置いて、五、六人の店員で店をまわして販売する。その仕事が面白くて仕方がありませんでした。

その頃の店長さんが、とても変な人で、お店のマネジメントもしているのですが、朝から昼飯の準備に熱心という人でした。今日はみんなにうどんを食べさせたいと言って、事務所の台所で出汁をとったり、大きなお鍋でうどんを茹でたりしている。そういう変な人もいて、しかしみんながみんなマッキントッシュが大好きなので、話をしているだけで楽しいのです。

あの当時のイケショップは、買いに来てくださるお客様も店のスタッフも、マッキントッシュが大好きなのだけれど、その話をして楽しむ場所がないから、イケショップが居場所になっている感じでした。現在はＭａｃユーザーの友人は少なくないし、家電量販店のパソコン売り場でＭａｃの情報や知識を店員さんと話すことはできますが、あの時代はそういう場所がどこにもありませんでした。マッキントッシュの話ができるというだけで、そこが居場所になっていたのです。

また、マッキントッシュをいじっているうちに「爆弾マーク」が出たとか、バグって固まってしまったとか、そういうときに電話をかけて解決方法を教えてくれるカスタマーセンターがまだない時代だったので、お客様にとってはイケショップへ電話すれば解決方法がわかるという場所でもあったのです。

私にとっては「こういう仕事のために新しいシステムをマッキントッシュで構築したい」と相談されるのが最高の喜びで、嬉々として相談にのって、お客様と一緒になって考えて、システムを構築し納品していました。

イケショップのアルバイト店員の生活は、とにかく楽しくて面白くて、大学をベルトコンベヤに乗せられるごとく卒業した後も、そのままアルバイト店員を続けてしまいました。教員になりたいという夢は、どこかへ飛んで行きました。またしても私は、目の前の流れに、流されていたのです。

一〇〇万円のマッキントッシュが飛ぶように売れたバブル時代

一九八〇年代後半の日本はバブル経済へと突入していました。東京都二三区内の土地価格総額で、アメリカ全土が買えるというほどの地価暴騰と円高ドル安の時代です。構造不況に落ち込んでいた欧米先進国へ日本円の投資が洪水のように流れ込み、世界各国へ日本企業が進出し、世界各地に日本人観光客が跋扈(ばっこ)していたそうです。こうした記録を読んでみると、「狂気」という言葉がふさわしい日本のバブル経済でしたが、社会に関心がないアルバイト学生でも、たしかに日本中にお金があふれているように思えました。たまに銀座や六本木を歩くと、一万円札が大量に舞っているように感じたことがあります。

イケショップは大繁盛になり、マッキントッシュが飛ぶように売れました。また、小さなメーカーが製造販売するアクセサリーや周辺機器が充実してきたので、これも次から次へと手当たり次第によく売れます。年末クリスマスセールのときなど、一日の現金売り上げを数えると、手が疲れて指が痺れるぐらい大量の一万円札が目の前にありました。五〇〇〇万円以上の現金があったと思います。マッキントッシュ一式は、およそ一〇〇万円ですから、それが五〇台売れれば五〇〇〇万円ぐらいにはなってしまいます。セールのたびに、そんな日が何日か続きました。

しかし私は、大量の現金を目にして、何か感じたかといえば、ほとんど何も感じませんでした。もちろん、山のような一万円札の束を目にすればインパクトはありました。こんな大金を見たことがありません。時流に乗れば割と簡単に儲かってしまうものなんだな、という程度の浅はかな驚きもありました。

ところが、こういう大儲けができるビジネスをしてみたいとか、これだけの大金があれば好きな物をなんでも買えるだろうといった、意欲や欲望が湧いてこない。ビジネスが当たれば儲かる、という現実は、当時の自分とはまったく関係がなかったのです。日々の仕事について愚痴のような不満はあったかもしれませんが、おそらくおおよそ満足していたのでしょう。他にやりたいこともない。春には次の夏のことを考えたかもしれないけれど、一年先までのことは思いもしない。だから一〇年先のことなど、考える必要がないとしか思えないので、考える方法も知ろうとしない。このときもまた私は、何も考えずに流されていたとしか言い様がありません。

そのうち私は、ようやく別のことに夢中になるのです。それはマッキントッシュを使ったDTPでした。

印刷の革命に夢中になる

ＤＴＰとは直訳すると「机上で行う印刷出版」という意味になりますが、ＤＴＰは「印刷の革命」と呼ぶべきイノベーションでした。

それまでの印刷物は、文章なら、一文字ずつ文字を組み上げていく必要がありました。凸版の活字印刷ならば活字を一文字ずつ拾って、巨大な判子みたいな活版を組み上げる。凹版のオフセット印刷ならば写真植字の機械で一字ずつ文字を撮影して写真文字にして貼り込み、印刷原盤の版下を作る。印刷の歴史は活版印刷から始まり、長らく活版が主流だったのですが、一九八〇年代になると写真植字のオフセット印刷へと進化していました。

しかし進化したといっても、活字も写真植字も、文字を一字ずつ拾っていく根気のいる作業をしていたのです。グラフィックデザイナーがレイアウトしたデザインにしたがって、大小の活字を拾って文字組みをつくる作業です。

ところがＤＴＰでは、パソコン上で、文字を自由自在に組み合わせて、そのまま印刷することができました。文字を一字ずつ拾って、組み合わせていく作業が必要なくなり、猛烈なスピードアップが実現したのです。これはものすごい進化でした。

しかも、写真やイラストなどを取り込んで、文字と組み合わせ、実際に印刷される図柄をコンピュータの画面上や、あるいはプリンターからの印刷で事前に確認することが可能でした。

それまでは、たとえばあるメーカーの営業の人がカタログを作りたいと印刷会社に依頼した場合、仕上がりの図柄は印刷する前に確認することができませんでした。これは大きな問題でした。営業の人は、印刷やデザインのプロではありませんから、「こういう文字組みで、ここに写真やイラストが入ります」とデザインのラフスケッチを見せられても、仕上がりをイメージすることは困難ですし、細かな修正や調整もできません。実際に印刷をしてみないと、仕上がりの図柄を見られなかったのです。

ＤＴＰでは、印刷する前に仕上がりの図柄をあらかじめ確認することが可能だったので、修正したいところはパソコンのなかで修正することができます。従来の印刷方法では、修正の必要が出ると、印刷工程を最初からやり直さないと修正できないケースがあったのです。したがってＤＴＰは、スピードアップもできるし、無駄な工程をなくしてコストダウンすることが可能になりました。

すでに書きましたがマッキントッシュは、最初から文字を書いたり絵を描いたりするのが得意でしたから、ＤＴＰはマッキントッシュのために開発された印刷方法だったと言ってもいいようなものでした。マッキントッシュがアピールしていた「What You See Is What You Get（あなたが見ているものは、あなたが手に入れるものです）」そのとおりです。

だから私は、ＤＴＰこそ大好きなマッキントッシュの得意技であり、印刷のイノベーションが起きたと夢中になったのです。

そして転職をします。二六歳のときでした。イケショップを退社して、DTPに特化したデザイン会社に就職しました。創業したばかりの社員五人ほどの小さなデザイン会社でしたが、ここで働けば、始まったばかりのDTPの仕事ができますし、その最先端技術も身につくはずです。

この転職については、まったく悩みませんでした。大好きなマッキントッシュが切り拓く新しい印刷技術の世界へ進むのですから、思い悩むこともなくすぱっと転身できました。給料も増えましたから気楽な転職でした。

ただし、いま考えると、これまた大きな流れに押し流されていたと思います。子どもの頃からいつも流されていくのは私の人生そのものでしたから、また流されたのでしょう。バブル経済の好景気がいつまでも続くと勘違いしていたから、失業することはないだろうという能天気な気分になっていたかもしれません。

人に伝えるための技術

このデザイン会社は、グラフィックデザイナーが起業した会社でした。取り扱う印刷物は、商品カタログとか企業広報誌、取扱説明書とかマニュアルや新聞折り込みチラシ、商品パッケージのデザインなどでした。デザイン会社と言っても、一般企業をお得意様とするコマーシャル印刷の制作が専門で、出版社系の雑誌や書籍の仕事はしていません。

マッキントッシュを使った最新のＤＴＰシステムがすべて揃っていて、版下データを作成して、印刷所へ依頼して印刷する仕事がメインでしたが、高性能プリンターもありましたから、小部数ならば自社印刷もできました。

私に与えられたのは、印刷の版下データをマッキントッシュで制作するオペレーターの仕事だったのですが、現実はそれだけではありません。クライアントや代理店の担当者から企画を聞き、それを印刷物に落とし込む多様な編集の仕事がありました。ライターに取材や原稿を依頼したり、カメラマンに撮影を頼み、デザイナーにレイアウトしてもらうなど、印刷物を制作するさまざまな仕事を覚えていきました。

ＤＴＰのためのオペレーション技術はどんどんと身についていきました。それは当然のことですが、これとともに印刷物を制作する編集技術が身についたことも大きな収穫でした。たとえば宣伝広告やＰＲ（パブリック・リレーション）の印刷物は、クライアント企業が伝えたいことを正確に伝えるコマーシャルです。その商品やサービスを買いたいと思わせるのが目的ですから、人目をひくためのアイデアに富んでいて、親しみやすく美しいデザインで、わかりやすい原稿でなければなりません。また、取扱説明書は、ぱっと見てすぐに理解できるものでなければ役に立たないのです。

やがて、自分で見様見真似で原稿を書いたり、写真を撮ったり、グラフやちょっとしたイラストを描くようになっていったので、さまざまな編集技術が身についていきました。

この印刷物の編集技術は、サンコーを起業してモノを仕入れたり作ったりして売る仕事を始めたときに、とても役立ちました。新商品を発売するとき、雑誌やテレビ・ラジオなどのメディアへプレスリリース（記者発表資料）を配るのですが、その紙面を構成する原稿や写真の内容やデザイン、あるいは自社の宣伝媒体であるホームページの構成デザインなどを、自分ですべて制作できました。宣伝広告やPRの制作方法がわからないと、専門の業者に外注しなければならないのでしょうが、そういう必要がありませんでした。外注のコストをかけずに、自分たちの言葉とセンスで、宣伝広告やPRを丁寧に制作することができたのです。

わずか二年足らずで退職

ところが私は、このデザイン会社を二年もたたないうちに退社することにしました。とてつもなくきつい仕事だったからです。ブラック企業とは、ちょっと意味がちがいますが、とにかくきつい仕事でした。

朝は九時から仕事を始めて、夜は終電で帰宅します。それが毎日のように続きます。トラブルが発生すれば土曜日だろうが日曜日だろうが出社して、トラブル対応にあたらなくてはなりません。少人数の小さな会社だったという理由もあるのですが、ＤＴＰデザイン会社の宿命みたいな激務でした。印刷版下データをゼロから制作すれば、宿命的にそうならざるを得ないのです。

それでも、技術を極めて将来はデザイナーになろうとか、制作会社を起業しようという人ならば、この仕事に邁進（まいしん）する意義が見出せたでしょう。しかし当時の私は、起業なんてことは考えてもいませんし、好きな仕事の分野の給料のいい会社で働いて、しっかり稼げればいいとしか考えていなかったのです。

また、大小問わず多くの印刷会社がＤＴＰをどんどん取り入れていったので、独立したＤＴＰデザイン会社が成長していく隙間がなくなっていったというビジネス環境の変化もありました。将来性が不透明になったのです。ＤＴＰの技術を覚えれば食えるだろうと思っていたのですが、どうやらそうもいかないなと思い始めました。

このデザイン会社は「３Ｋ」のうち「汚い」と「危険」はなかったのですが、のほほんとした会社員人生を望んでいる私にとっては、猛烈に「きつい」仕事でした。毎日のように朝から終電まで働いて、休日出勤が当たり前では、多少給料が良くても、たとえば結婚して家庭生活を充実させるとか、趣味を楽しむ時間も持てないだろうと追い詰められていきました。こうなれば考えることは転職です。

私は転職のための活動を開始し、まずはイケショップの社長に相談しました。その結果、再びイケショップで働くことになったのです。出戻りになったのですが、ただ出戻ったわけではありません。私は宣伝広告やＰＲの手法と、カスタマーサービスのための印刷物やホームページを制作するＤＴＰ印刷と編集技術を身につけていたのです。

そろそろ三〇歳になる私は、再び流されるようにイケショップへ出戻りました。あと数年で二一世紀になる、一九九〇年代の後半のことでした。

身につけた編集技術を活かす

イケショップへ出戻った私に与えられた仕事は、商社的部門の仕事でした。

この頃になると日本では、パーソナルコンピュータの大衆化の大波が押し寄せていました。アップルの日本法人が、本格的な販売拡大に乗り出していて、ＣＲＴ（ブラウン管）一体型の初代ｉＭａｃが飛ぶように売れていました。もはや少数のマニアや新しモノ好きだけがイケショップへマッキントッシュ本体を買いにくるという段階は終わっていました。パーソナルコンピュータについての必要な情報は専門雑誌でいくらでも入手できるし、マニアでない人もマッキントッシュを買う時代が到来していました。やがてアップルショップが各都市に広がっていき、家電量販店でもマッキントッシュが買える時代になっていきます。

そこで先見性のあるイケショップの社長は、マッキントッシュの周辺機器を輸入して直接販売したり、家電量販店に卸したりする商社的な部門を立ち上げていたのです。私はその部門のスタッフを命じられました。

iＭａｃが売れに売れていたけれど、その周辺機器を積極的に扱っている会社がほとんどなかったから、周辺機器についてはイケショップが独占的に輸入販売しているようなものです。マッキントッシュ専用のＣＤ－ＲＯＭドライブなど人気が出そうな周辺機器を選んで輸入し、直接販売と卸しをするのがメインの仕事でした。

その仕事は、ひとついくらで輸入し、輸送代がいくらかかり、倉庫代はいくらだからと計算して、売り値を決めていくことが大事です。ようするに販売管理費がいくらで、利益率がいくらだという計算をするわけで、これはサンコーを起業して運営する基礎のトレーニングをしているようなものでした。商社的な部門といっても、小さな会社の小さな部門ですから、営業と経理以外の仕事は全部やりました。

もうひとつ商社的な仕事で大事なのは、買いつけてきた商品の取扱説明書を日本語でつくり、日本向けのパッケージに入れることです。この仕事については、ＤＴＰで身につけた編集技術が役に立ちました。原語の取扱説明書はたいてい英語なのですが、それがとてもシンプルだったりすると、これでは日本のユーザーには理解できないだろうと、全部作り直したりすることもありました。私は英語を専門的に勉強したわけではありませんが、マッキントッシュ関係の英単語の実用的な意味はわかるので、辞書を丹念にひきさえすれば、それを日本語に置き換えていくことができました。

英語学習にのめり込む

わかりやすく親切な取扱説明書を作る自信がついた頃、周辺機器の新商品を探すために、アメリカへ行く仕事をするようになりました。サンフランシスコで毎年一度開催されるマックワールドというマッキントッシュ専門の大きな展示会へ行くのです。

展示会場では、周辺機器メーカーの営業やエンジニアたちと話すわけですが、英会話に不慣れな私でも、専門用語のやりとりなので基本的なことは理解できるし、私のひどい発音の英語でも通じました。ところが、世間話などマッキントッシュとまったく別の話になると、ヒアリングが追いつかないし単語もわからず、会話になりません。これでは商売相手と仲良くなって、より多くの情報を集めたり、誰かを紹介してもらったり、商談を円滑にまとめることができません。

そこで私は英会話を学び始めました。学校の勉強が大嫌いだった私が、三〇歳をすぎてから二年間も英会話学校へ通って、通勤の電車のなかでは英会話のテープを聞いている。自分でも信じられないぐらい勉強しました。きっと仕事が面白くなっていたからだと思います。学習して取得した英会話の実力を、アメリカの展示会へ行って、ためして使ってみることがあればこそ、学習に身が入ったものです。アメリカ人の営業担当者と頻繁に英語のEメールをやりとりするのも、私の英語力をアップさせる修業になっていました。学校時代の私は劣等生だったけれど、勉強さえすれば人並みの能力が身につくのだと思いました。やればできる！というような感動的な気持ちではなく、やれば何とかなるものだという安心みたいな気持ちでした。

大ヒット商品というか、大儲けした商品を買いつけたこともありました。

現在では考えられないでしょうが、当時最新鋭のｉＭａｃでも、自分で作成したデータは、ハードディスクかフロッピーディスク、ＵＳＢメモリなどに保存する以外にありませんでした。ＣＤ－ＲＯＭドライブはすでにあったのですが、これは読み込み専用（Read Only Memory）であり、データをＣＤに書き込めません。いや、正確にはＣＤに書き込めるＣＤドライブもあるにはあったのですが、あまりにも高価で普及していなかったのです。一台一〇万円近い価格だったと記憶しています。だから私はＣＤに書き込みができる廉価なＣＤドライブがあったらいいなと思っていました。

ところが、ある年のマックワールドへ行ったら、その廉価なＣＤドライブがあったのです。

ただし廉価といっても三万円以上の価格で売りましたから、決して安い商品ではありませんでした。読み込み専用のCD－ROMドライブが五〇〇〇円前後の時代ですから、六倍の価格は高いといえば高い。

その書き込みができるCDドライブの原価は二万円程度でしたから、これをある程度の数量を仕入れるためには元手がかかりますし、売れなかった場合は大きな赤字になります。イケショップの社長に相談したら、ダメだとは言いませんでしたが、やはり慎重な意見が返ってきました。たしかに慎重にならざるを得ない商品でした。

慎重にならざるを得ない価格

しかし私は、これは売れると思いました。その昔、レコードプレーヤーとラジカセをラインでつないで、自分ひとりが楽しむためのオリジナル音楽カセットをつくるのが流行ったことを知っている世代です。また、高校生のときだったか、ラジカセでオリジナルのラジオ番組を録音したカセットをつくり、友だちに聞かせていた奴がいました。それと同じようなことができるならば、マッキントッシュは生活を楽しむために所有するユーザーが多いから、きっと欲しがるに違いありません。そればかりか、自分で描いた絵とか自作の音楽とか、もっと言えば動画のデジタル編集も始まっていた時代です。そうしたことを思い出したり考えたりしてみると、絶対に売れるはずだと思ったのです。

フラッシュメモリでもできるじゃないかという意見もありますが、フラッシュメモリはCDより高価なので、手軽に渡すことができません。しかしCDだったら一枚何十円とかで買えるし、何枚も作って多くの人たちに配ることができます。ようするに自分の小さなメディアが持てるわけです。この可能性の大きさはマッキントッシュのユーザーに喜ばれるにちがいない。これは絶対にニーズがあるぞと思いました。

それでも書き込みができるCDドライブは単価が高い商品ですから、最初はマーケティングのテストを兼ねて数十台単位で仕入れるほかありませんでした。仕入れ値が一台二万円だとしたら、一度に一〇〇台注文すると二〇〇万円の現金が必要になります。これは高額の仕入れです。売れるかどうかわからない高額商品を大量に注文することは、イケショップのような小さな資本の会社では決断しがたいところがありました。だから少量から始めるしかなかったのです。

ところが売り出したら、あっという間に完売してしまいました。それでまた仕入れると、すぐに完売という具合で、すぐさま人気商品になったのです。最終的に売り上げ総額で四億円ぐらいの商いになりました。何千万円の商いにはなると予測していましたが、まさか四億円までいくとは思っていなかったので、大きな成功体験になりました。

この体験がなかったらサンコーを起業しなかったかもしれない、と思うぐらいの記憶に残る成功体験でした。

ネット通販の革命的な可能性

もうひとつ、ビジネスの革命が起きるかもしれない、と思ったのもこの頃でした。

それはＥＣです。「エレクトロニック・コマース」の略で、日本語では「電子商取引」と訳されます。ようするにネット通販のことです。現在ではそんなこと当たり前じゃないかと笑われるような話なのですが、二〇世紀の終盤はＥＣが立ち上がってきたばかりの時代だったので、巨大な可能性を感じました。

しかし、ＥＣが浸透するための絶対条件は、高速なネット回線の普及です。当時はアナログ電話回線を使ったダイアルアップが主流の時代から、ようやくアナログ電話回線を流用したデジタル回線であるＡＤＳＬがちょっと普及してきたかな、というくらいの時期でしたから、高速ネット回線については予測がつかない、というのが実感でした。

ネット回線の性能向上と普及が必須なのは、ネット販売を行うウェブサイト上には充実した情報が必要だからです。いまでこそ、多数の画像や動画を掲載することは当たり前ですが、当時はせいぜいカラー画像が一点程度で、商品の説明が一〇〇～二〇〇文字程度というほどのウェブサイトしかつくれなかったのです。この程度の情報量で商品を買おうと思うお客様は、あらかじめその商品について良く知っている人か、あるいは安い商品ではないかと思います。ちょっとでも高額の商品になると、十分な商品説明をしなければ、買っていただけないはずです。お客様は、より内容の濃い情報を入手することで、購買意欲が高まって購入に至るもので、貧弱な商品説明は丁寧さに欠けると判断されてしまうでしょう。

また、情報量が少なければ、ウェブサイトへの集客を誘うこと自体、難しくなります。買い物というのは、多彩な商品群のなかから自分好みの一品を選んで買うという楽しみがありますが、どこのウェブサイトでも情報が薄いとなれば、複数の商品を吟味して選んで買う楽しみは生まれません。ですから、現代のようにネットで検索して商品知識を増やそうという方はいませんでした。当時のECサイトは、この商品を買おうと決めた方が、商品確認をして購入手続きをする、注文のための決済ページにすぎなかったのです。

そこで、私たち売り手の側は、新商品に関する詳しい情報を、雑誌や新聞そしてテレビやラジオ放送といったメディアへ送って、記事やニュースとして取り上げてもらうことで詳細な情報を広めて、そこからECサイトへの集客をはかるという循環を作ろうとしていました。すでに説明したように、まだネットだけで情報を集めていくというスタイルが確立されていない時代だったからです。

そのようなネット環境でしたから、ECは巨大なビジネスチャンスだと考えていた私たちは、とにかく回線速度の飛躍的な向上と、早急な普及拡大を期待しつつ、環境が整うのを待っている段階だったのです。

ECへの期待の大きさは、その利益率を考えれば高まるばかりでした。なぜなら、イケショップで商品を買いつけて売るとき、家電量販店で売りたいならば、商品流通の方法はひとつしかありません。問屋である販売会社を通して、家電量販店に卸すという方法しかないのです。

その場合の卸しの仕切り値はおおよそ五掛けでした。家電量販店の店頭で実際に売られている価格、つまり上代の五〇パーセントしかイケショップの取り分がないのです。これは既成の商品流通システムの掟だから、従う他はありません。そうはいっても、一次問屋と二次問屋といった複数の問屋が介在するような伝統的かつ複雑なシステムではないので、それでも現代的でシンプルな流通だったと思います。だけれども輸入元のイケショップの取り分は上代の半分なのです。

しかし、ECでお客様へ直接販売すれば、運送費はかかりますが、おおよそ上代の一〇〇パーセントが自分たちに入ってきます。この利益率の大きさは魅力などというものではなく、革命的だとさえ思いました。この商いが実現すれば、ECを基盤とした会社が、どんどん増えていくのは間違いありません。

とはいえ、またもや私は、そのような発想があったにもかかわらず、自分で起業してみようなどということは、これっぽっちも考えていませんでした。一生会社員として働き続けることしか考えていなかった私は、まだ自分が属する世間に流されていたのでしょう。

誤解と思い込みのなかで

四億円を売り上げた、書き込みができるマッキントッシュ専用のCDドライブの成功体験は、私に仕事の面白さを教えてくれましたが、一方で、ヒット商品がどのように売れなくなっていくのかも教えてくれました。

飛ぶように売れていたCDドライブの売り上げは、やっぱり徐々に落ちていきました。ひとつヒット商品が出ると、すぐにライバル各社から次々と競合品が出てくるからです。競合品は後発ですから、機能は同じでも、デザインが良かったり、価格が少し安かったりして、高い商品競争力を持っているものです。そして気がつけば、競合品だらけになって、イケショップが仕入れて販売していたCDドライブの希少価値はなくなり、価格競争を強いられるようになりました。

これは商売の世界では当然の原理です。ただし経験してみないと身にしみないというか、実際に売り上げが落ちてきて困ったという段階を経験しないと、この原理が心底からわからない。

そうなってくると私としては、次なるヒット商品はないかと、お客様が欲しがるであろう商品やら、思いもよらない新商品やらを探し始めます。

大ヒットする商品はそうそうあるわけではないので、時間をかけて探索し、売れそうだなと思う商品を選んでは企画書や提案書を書いて、イケショップの社長へ提案していました。

ところが社長は、私の提案すべてに対して「うん」とは言ってくれませんでした。はっきりと「ダメだ」とは言わないのですが、採用してくれないのです。さまざまな商品を選んでは提案書を何度も書いたのですが、首を縦に振ってくれません。

このとき私は大きな誤解をするのです。そして、その誤解が起業につながるのですから、運命というのは不思議なものです。

提案書を何枚書いても採用されないので、社長に「絶対にダメだ」と言われていると、私は思い込んでしまいました。社長は部下からの提案に対して「絶対にダメだ」という人ではなかったのです。「もうちょっと考えてみろ」とか「これではうまくいかないだろう」という言葉で、私に意見していたのだと思うのですが、私は「絶対にダメだ」と言われていると思い込んでしまった。

実はそのことに気がついたのは、ずいぶん後になってからでした。私がサンコーを起業して部下を持つようになったときですから、五年ぐらい後ということになります。

部下を持ってみて初めてわかったのですが、部下が企画や提案をしてきたとき、私が「もうちょっと考えてみろ」とか「これではうまくいかないだろう」と意見すると、「絶対にダメだ」と言っているように聞こえることがあるのでした。

私はハードルを高くして、その企画や提案がうまく実現するように部下に考えてもらいたいし、ひいては部下の成長を促進する意味で、すぐに採用しないことがありました。これはむしろ部下に育ってもらいたいと思って言っていることだったのです。つまり「ノー」と言っているのではなく、アドバイスをしているようなつもりで言っていました。

ところが部下にしてみれば「絶対にダメだ」と言われたように思うのです。それ以上に、拒否されたとか否定されたとさえ思うのです。これはたしかに気分を害してしまうでしょう。よく考えたつもりで企画し提案したのに、ハナから否定されたのだと思う。この企画提案の良いところを認めてくれずに、リスクばかりを挙げられて「絶対にダメだ」と言っていると思う。

部下の立場にたって考えてみれば、「企画や提案はチャレンジなのだから、必ずリスクはありますよ」と言いたくなるでしょう。リスクばかりに目を向けて、良いところを評価してくれないのなら、企画や提案をしろと言わないでくれ、という気持ちになるのです。

私は起業して社長になって初めて、そのことに気がつきました。これは社長と部下の関係性の問題であり、私の考えが部下に正確に伝わっていないコミュニケーションの問題でした。私も部下も同じようにチャレンジしたいし、リスクはリスクとして担保して、そのうえで何とか企画や提案を実現したいという姿勢には変わりがないのですが、部下にとってはちょっとした言葉やニュアンスの違いで「絶対にダメだ」と言われていると感じられるのです。

このことに気がついたとき、私はイケショップの社長に会いに行きました。そして聞いたのです。あのとき私の企画や提案に「絶対にダメだ」と言ったのではなく、「もっと考えろ」と言っていたのですか。

「そうだよ。もっと考えろと言っただけだ」。イケショップの社長はそう答えました。

成功体験に酔って無我夢中に起業

ようするに私は、社長の言っていた言葉を誤解してしまい、その挙げ句に独立して起業しようと考えてしまったのです。

このままイケショップで働いていても、自分がやりたい企画や提案が実行できないと思い込み、だとしたら独立し起業して自分でやるしかないと決断してしまいました。ただし私は、イケショップで働くのが嫌だと考えたことは一度もありません。給料も大手企業並みに良かったし、一生会社員として働くということに何の疑問もありませんでした。

独立し起業することを考えてしまったのは、CDドライブの成功体験に酔っていたという理由もあったと思います。打ち込んでいるスポーツ競技やゲームで勝ちまくるとか、一心不乱に受験勉強して志望校の入学試験に合格するとか、そのような成功体験は実に気持ちがいいはずです。しかし厄介なのは、その気持ちのいい成功体験に酔ってしまうことです。ひと晩の酔いなら、翌朝には忘れることができるかもしれませんが、酔いが深ければ当然のことながら二日酔いになります。

私は自分の考えた企画で成功体験を得たくてたまらないという精神状態に陥っていました。この精神状態は、実は後々に自覚するのですが、これは私の性分です。持って生まれた性質としか言い様がない性分でした。

いつもたいていのことは、そのときの気分や周囲の環境に流されてしまう私なのですが、どういうわけか、これをやってみたいと思い込んだ事柄には、のめり込んでしまう性分なのです。あるとき、あるタイミングで、やりたいことが出てくると、脇目もふらずに打ち込んでやってしまうという性分なのです。

そのように、熱中してとことんやりたくなることは、めったにありません。何でもかんでも熱中してのめり込んでいたら、それは破滅への道だとは思っています。

子どものときにやっていたような魚獲りとか水泳とか、大学生のときに徹夜のアルバイトを続けて高額のマッキントッシュを買ってしまったときとか、DTPの会社に転職したときとか、英語を夢中で学んだときとか、我を忘れて熱中した経験は数えるぐらいしかありません。

だからいつも精気をみなぎらせて、根性だけは誰にも負けるものか、という顔をしているわけではないのです。しかしやりたいことがあれば、とことんやらないと気が済まなくなることが、たまにある性分なのです。

それは自分で自分のターゲットをみつけて、それに向かって努力し、自分を鼓舞して邁進するという、計画性のあるようなものでもないのです。

ある日、漠然とやり始めて、やれるところまでやってしまう。つまり逆説的に言えば、自分で自分自身をコントロールできないぐらい、のめり込んでしまうのです。

一時、バイクに乗ることが趣味だった時期があるのですが、そのときもたったひとつのことに夢中になっていました。直線をものすごい勢いで加速して走ることが大好きなのです。レーサーのように最速を求めて冒険的なコーナーリングをしたり、サーキットを華麗に走ったりするのではなく、ただひたすら猛烈な直線加速が楽しい。その獰猛な直線加速を楽しむために、とにかく排気量の大きな、パワーのあるエンジンを搭載したバイクに乗ることが楽しかった。だから最終的に選んだのは、自動車のエンジンを搭載しているモデルでした。バイクをよく知っている人から見たら、どうしてそんなエンジンばかり大きなのに乗っているんだと笑われてしまうぐらいのバイクに、気がついたら乗っていました。そういう性分なのです。

自分のことなので、言葉を選ばないで言ってしまえば、大バカなところがある。利口というか常識がある人ならば、絶対にやらないようなことを仕出かすバカなのです。

ただし、独立し起業するのだと決断してしまったとき、三八歳になろうとしていた私は、まだ自分のそのような大バカな性分には気がついていなかったと思います。

世の中のことも社会のことも、人間についても自分についても、よくわかっていない私が、気がついたら独立し起業する道を突っ走っていました。

〈サンコーのユニークなアイデア商品〉
『フードウォーマープレート』(2021年)

ゆっくり味わいたいのに、料理が冷えてしまって美味しくない……。そんな不満を解決する保温プレート。60～110℃の温度調整ができ、料理を食べ終わるまでアツアツに保つ。上に載せる容器の素材を問わないので、弁当や缶詰、アルミホイルに載せた焼き鳥、コップや熱燗など、さまざまな容器の保温が可能(容器の耐熱温度には注意が必要)。ヒーター面はフラットなガラス製なのでお手入れも簡単。料理に合わせてSSからLまで4サイズが用意されている。写真は「S」で6,480円。

第四章　地獄の創業一年目

有限会社を設立

二〇〇三年六月、三八歳の私は、サンコー有限会社を設立しました。独立し起業したのです。

有限会社として設立したのは、株式会社を設立する資本金がなかったからです。現在は一円の資本金で株式会社を設立できますが、当時は資本金一〇〇〇万円以上が必要でした。そればかりか法律的に、三人の役員や、年度ごとの株主総会、決算公告も必要で、株式会社設立は難易度が高かったのです。

一方、当時の有限会社は、資本金が三〇〇万円以上あれば、役員一人で設立できました。現在は有限会社法が廃止されていますので、もう有限会社は設立できません。会社を起こしたい人は合同会社か株式会社を設立するのですが、当時は個人が起業するといったら有限会社を設立することと同義でした。

しかし私は、会社を設立するための最低限の資本金三〇〇万円を準備するのに、ひと苦労します。いや、三〇〇万円ぐらいの現金は会社員時代の貯金で用意できたのですが、私とカミさんと息子の三人家族の生活がありますから、貯金から出す資本金はなるべく少なくしたい。起業して社長になったからといって商売が上手く回って、会社設立時から収入が得られるという保証はどこにもありませんから、女房子どもの生活をなげうって勝負するようなことは、私のような小心者にできるはずがなく、せめて家族が半年ぐらい暮らせるお金は残しておかなくてはなりません。だから資本金すべてを貯金から出すことはやめました。

それで手持ちのクルマを現物出資六〇万円相当の証明書にしてもらい、現金は貯金から二四〇万円だけ準備し、合計三〇〇万円ということで会社を設立登記することにしたのです。もう少し正確に言えば、同時期に有限会社を設立して起業する友人と資本金を一〇〇万円ずつ持ち合いました。したがって私はサンコー有限会社の資本金二〇〇万円を持つオーナー社長になったのです。友人と資本金を一〇〇万円ずつ持ち合ったのは、起業のリスクを少しでも分散して減らすためでした。

独立し起業しようとする人が、ときとして悩む「嫁ストップ問題」は私にはありませんでした。もちろん会社を辞めて独立しようと考えたとき、最初にカミさんに相談しました。それで会社員を続けてほしいと言われれば考え直そうと思っていましたが、カミさんは顔色ひとつ変えずに「あ、そう。わかりました」と答えたのです。私が拍子抜けするほど平静な反応でしたが、こう言われれば、よーしやってやろうと決意が固まりました。賛成でも反対でもなく「わかりました」と言われたのがうれしかった。あとでカミさんに聞いたら「あなたが倒産しても、私が働けばいいと思った」と言うのです。ありがたい言葉でした。

独立し起業するときに、大きな夢を抱くのは絶対に必要なことですが、失敗したらどうするかを、やはりきちんと考えておくべきだと私は思っています。初めてする起業なのですから、上手くいくとはかぎらないのは当然のことで、夢のままに生きられるなんてことはないのも、これまた当然のことです。それは資本金を一〇〇万円ずつ持ち合った友人の会社も同様でした。どっちかが上手くいくだろうというリスクの分散は精神的な保険のようなもので、両方とも失敗する可能性すら小さくありません。

だから私の場合は、イケショップを円満退社していたので、起業が失敗してしまったらイケショップの社長に頭を下げて、もう一度雇ってもらうか、就職先を紹介してもらおうと考えていました。太っ腹のイケショップの社長に甘えた考え方だと思われるかもしれませんが、私にとってこれが現実的なやり直しの方法であって、これ以外に考えられない本当にリアルな方法でした。

暑くて寒かった事務所

サンコー有限会社の本社は、当時私が住んでいた千葉県内のアパートの部屋に置き、事務所は同時期に起業した友人の事務所の一部を借りました。

この友人は、実家が東京都文京区駒込にありました。その実家の庭に八畳ぐらいの広さをもつ小さな倉庫があり、彼はその倉庫を事務所にして起業していたので、事務机と電話、商品を保管する棚のスペースを、格安の家賃で借りたのです。資金が少なくて間借りができないので、このようなスペース借りに甘んじました。

その倉庫は戦前に建てられた築六〇年以上の木造の建物だったので、快適さとは無縁でした。六月に借りたときにはわからなかったのですが、人が住む建物ではないから、真夏になると天井から太陽の熱がそのまま伝わってきて、熱気と湿気がこもって暑くてたまりません。冬になればなったで隙間風がビュービュー入り込んできて、冷え性の私は我慢できないほど寒い。エアコンを買って取り付けましたが、それでも暑くて寒かった。格安でスペースを借してくれた友人の厚意はありがたかったけれど、早いところ儲けて、すぐに引っ越したいと思っていました。

ちなみに、この倉庫で真冬に業務をしているときに、室内で手や足を温める暖房器具があったらいいなと思いました。その思いをアイデアにして、やがて『USB指まであったか手袋』（二六八〇円）と『ダブルヒーターでつま先・カカトも温かいUSBあったかスリッパ』（三二八〇円）を商品化して販売しました。つまり、それほど寒かったのです。

サンコーという社名は、もちろん私の苗字「山光」の音読みです。アルファベット表記はローマ字ではSANKOになりますが、英語のサンキュー（Thank you）に掛けてTHANKOにしました。サンコーは、いままでメールアドレスやパスワードにも使ったことがなかったので、このときふと思いついた社名でした。

もっとカッコいいフランス語とかスペイン語の横文字の社名を考えてみたのですが、小屋のような倉庫の一角にいて電話を取ったとき、カッコいい社名を名乗るのは気恥ずかしくて何だかヘンだなと思ってやめました。それより素直に「サンコーの山光です」と名乗れば、みなさんに理解してもらえると思い、自分でも納得がいきます。

「中庸」という言葉が好きだったので、「有限会社バランス」がいいかなとか、昔ながらの「山光商事」でもよいかもしれないと考えていたので、ヨーロッパ風の洒落ているけれど、ヘンにクセのある社名よりも、身の丈にあった平凡な社名を選んだのです。

最終的に納得したのは、凝った社名を考える時間とエネルギーがあったら、とにかく体を動かして一日でも早く仕事を始めたいという現実的な思いがあったからです。

ブランドネームは大切だと思いますが、「名前負け」とか「名前倒れ」という言葉もあります。お客様が変な名前だなと思わなければ、平凡なブランドネームでもかまわないと考えました。大切なのは仕事の中身です。良い仕事をしていけば、その仕事が、社名を磨いて輝かせるだろうと思いました。

最初に仕入れた商品

あれこれと会社設立の準備が終わり、社長たったひとりが働くサンコー有限会社のビジネス

腕時計型MP3プレーヤー『MP3 SuperDisk Watch』(2003年) ¥15,800

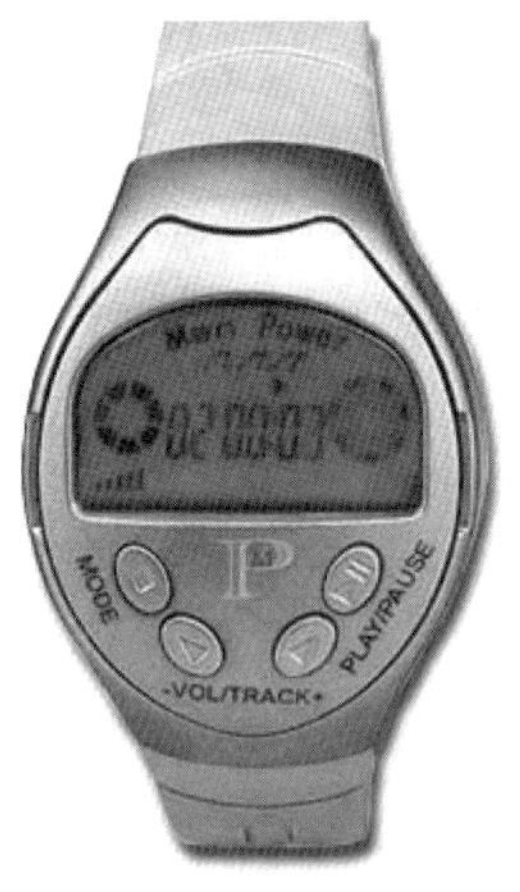

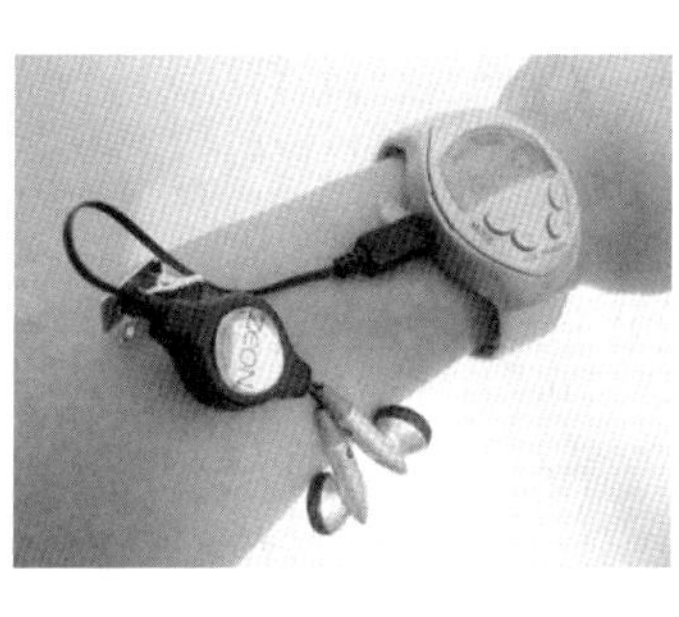

が始まりました。

創業期のサンコーのビジネスモデルは、パソコン周辺機器を仕入れて、それをインターネットで売ることでした。小さな小さな商社です。いずれの商品も台湾や中国など外国メーカーが製造する商品でしたから、当時のＢＲＩＣｓ景気に乗った輸入商社ということになります。

さっそく、商品を選んで、仕入れにかかりました。選んだ商品は、三種類です。

腕時計型のＭＰ３プレーヤー、腕時計型のフラッシュメモリ、液晶モニターを固定するモニターアームの三種類で、それぞれ何種類か色違いがあったので、全部で一〇アイテムほどだったと記憶しています。

商品はインターネットで検索して、選びました。どのような商品を選ぶかについては、イケショップ時代の一五年以上の経験がありますから、市場動向にそれなりに精通しているので、苦労するというほどのことはありませんでした。パソコンユーザーが「こういう周辺機器があったら楽しく便利だろうな」という商品を見つけ出せばいいだけです。

たとえば腕時計型のMP3プレーヤーですが、この二年前の二〇〇一年に初代iPodが発売されていました。iTunesがマッキントッシュだけではなくウィンドウズでも使えるようになったこともあり、iPodの大ブームが起こっていました。デジタル音楽プレーヤーの時代が、大衆的に始まったのです。

首都圏では朝夕の通勤電車でiPodで音楽を聴くのが、若い人たちのスタイリッシュな流行になっていました。そうした市場動向があったので、腕時計型のMP3プレーヤーは小型軽量の道具というだけではなく、流行の最先端を行っている目立つファッションアイテムにもなることは間違いない。これはドーンと売れるだろうと思いました。

しかし大問題は、仕入れる数量でした。この場合、数量というのは、何個売れるだろうという予測から、何個仕入れようと販売計画を立てて計算で導く数量ではないのです。すべては手持ちの現金の問題でした。

ようするに資本金の現金が二四〇〇万円しかないので、自分の月給と交通費、事務所の家賃などの固定費を毎月五〇万円として三か月分で一五〇万円、これに予備費一〇〇万円をプラスして、資本金から差し引くと、残りは八〇万円になります。この八〇万円で仕入れられる数量が、我が社が仕入れられる最大の数量ということになります。

さらに悩ましいのは八〇万円すべてを、ドーンと売れると判断した腕時計型のMP3プレーヤーの仕入れに投資できないことです。

なにしろインターネットで検索して仕入れるわけですから、商品を写真で確認しているだけで現物を見ていません。現物を見たら、購買意欲が湧かないような商品だったということが起こり得ます。

そのために三種類の商品を選ぶという、リスクの分散をしています。ドーンと売れると思っている腕時計型MP3プレーヤーと、そこそこ売れるだろうと思った腕時計型フラッシュメモリとモニターアームの三種類を選んでいました。そうなると結局、八〇万円で三種類の商品を仕入れるわけですから、単純計算として一つの商品あたり二六万円分しか仕入れられないのです。すなわち手持ちの八〇万円の現金が、仕入れることのできる商品の数量を決定してしまいます。だから仕入れ一回あたりの利益も大きくできません。

売れ筋の商品を見つけて、大量に仕入れ、大量販売して、大きな利益を得ようとしても、八〇万円の仕入れ資金しかないから、そんなことはできないのです。たとえば八〇万円分の商品を仕入れて、三〇パーセントの利益をのせた販売価格を設定し、それが全部売れたとすると粗利は約三四万円です。約三四万円の儲けはうれしいですが、これは毎月の固定費の半分程度にすぎません。ですが、もし八〇〇万円分仕入れることができれば、粗利は約三四〇万円ですから、これは毎月の固定費の約五か月分に相当する大きな利益になります。誰だってお金があれば、どーんと儲かる八〇〇万円の仕入れに賭けてみたいものです。しかし当時のサンコーは現金資本が少ないから、それはやりたくても絶対にできません。わかっていたはずの現実ですが、実際に経験してみないと身にしみてわからないことのひとつでした。

心配すること以外にできることがない

ともあれ、こうして三種類の商品をインターネットで仕入れるということは、注文を出したら、すぐに支払いをしなければなりません。昔は日常的に流通していたという手形もなければ、支払い条件の交渉もなく、創業したばかりの零細企業はとにもかくにも現金商売です。台湾のメーカーへ現金を銀行送金して支払わなくては、商品を発送してもらえません。

それで支払いを済ませると、今度は船便が届くまで待つのですが、新米社長としては、この待っている期間がけっこうつらい。ちゃんと発送してくれたかな、本当に届くのかな、輸送中に商品が壊れたりしていないかな、魅力ある商品なのかな……。そういう心配で頭が一杯になってきます。お金を支払ってしまったのだから、心配しかできないと言った方がいい。

そうなると夜も眠れません。寝ようと布団に入っても、じわじわと心配が次から次へと頭の中を駆けめぐって寝つけない。いまでは笑い話のネタですけれど、起業したての私としては気が気ではありませんでした。商品が到着したときは、うれしいというよりホッとしたという気持ちでした。

早速ECサイトをオープンさせて商品の販売を開始です。

自社のECサイトだけで宣伝広告するのではなく、商品のプレスリリースを作って、インターネットメディアはもちろん、パソコン雑誌、グッズ雑誌、一般週刊誌などに送って、小ネタの記事に取り上げていただいて、広く宣伝することが肝心です。この作業はイケショップ時代にやっていたし、デザイン制作会社勤務時代は本業でしたから、撮影から原稿書き、編集とデザイン、メール配信まですべて自分ひとりでできることでした。ECサイトの制作も同様に自分ひとりでできます。

この技能は、ECサイト制作費と宣伝広告費をほぼゼロにするので、とても大きな戦力でした。私はメディアに顔出しして宣伝広告する柄ではないのでやりませんが、テレビショッピングの会社の社長がみずからコマーシャルに出演して商品を売るのと同じことです。このテレビショッピングをするにも、コマーシャル映像の制作費や「波代」と呼ばれる放送時間を買う料金がかかります。だから、テレビショッピング会社は大きな予算をかけて宣伝広告しているのでしょうが、私たちサンコーはいまでも自社ＥＣサイトで宣伝広告して販売し、メディアにはプレスリリースで情報発信するのが基本なので、販売経費や宣伝広告費には大きな予算をかけていません。そのため商品の販売価格にふくまれる販売経費や宣伝広告費が少額なので、販売価格を廉価にすることができています。

お客様からのご注文はインターネットでいただき、宅配便で商品をお届けする。お支払いはクレジットカード決済か、代引きです。これは既存のシステムをそっくりそのまま使うだけですから、安心してお支払いいただけ、商品をお届けすることができます。

新米社長を襲う最初の地獄

こうして販売を開始すると、その日のうちに何十件もの注文が来たことをよく覚えています。そして翌日以降もどんどん注文が増えていきました。やはり腕時計型のＭＰ３プレーヤーが一番人気でした。

社長ひとりの会社は大忙しになりました。お客様からインターネットでご注文をいただくと、クレジットカードのお支払いを確認します。そして商品をビニール袋に入れて緩衝材で包み、段ボール箱に梱包し、宅配便の伝票を書いて発送します。そうした作業をしている間にも、ひっきりなしにお客様からの問い合わせのメールや電話が入ってきます。これを朝から晩まで全部こなすのです。休む間もない大忙しでした。でも、それは、起業したひとり社長のやり甲斐というもので、これはこれで楽しい苦労でした。

ありがたいことに、お客様からのご注文は引きも切らず、最初に仕入れた八〇万円分の商品はあっという間に売り切れました。正確に言えば、注文数が在庫数に達してしまい、発送作業に追われていました。ところが注文の殺到が止まりません。「注残」すなわち「注文がきているけれど在庫切れ」がみるみるうちに溜まっていきました。すぐに次の仕入れをしなくてはなりません。

「うれしい悲鳴」という言葉がありますが、そこには悲鳴程度では済まない、新米の起業社長が陥る最初の地獄が待っていました。

単純な話をすれば、八〇万円で仕入れた商品に、創業期のサンコーは約三〇パーセントの利益をのせて販売していました。いわゆる粗利三割ということです。（ちょっと話はズレますが、この粗利三割は、お客様にとってはお買い得な設定です。つまり直接販売をしているため利益率が三割で済んでいます。もし小売店への卸販売ということになれば、粗利は五割から六割は必要になります）

そういう計算ですから、八〇万円で仕入れた商品を、利益三〇パーセントに設定して販売したのですから、それがすべて売れれば約一一四万円の売り上げ金になります。しかしその一一四万円がすぐに現金で入金されるわけではありません。クレジットカード決済と宅配便の代引きで売っているのですから、売り掛け金が回収できるのは、たとえば一か月後になります。つまりこの一か月は、現金がない時期になってしまいますから、その時期に商品を仕入れたいと思っても、仕入れ用の現金がないので、仕入れることができません。

こうなると三か月分の固定費として保留していた一六〇〇万円に手をつけざるを得なくなりますが、初回の商品仕入れ額である八〇〇万円分を追加で二回仕入れただけで、たちまち固定費分の一六〇〇万円を使い果たし、再び会社にはほとんどお金がないということになります。当然、家賃の支払い、私の来月の給料や交通費は、どうするのだという話になります。それらを支払う現金が底をついてしまうのです。いや、こういう事態は、固定費の現金がないというだけではありません。さらなる商品の買い付けができない。つまり売る物がなくなってしまう。ようするに、商品は売れているのに、現金がないから商売が回らなくなる。

これは「回転資金の現金が足りなくなる」という状態で、倒産要件です。お客様からの注文はあるけれど、商品が仕入れられないので販売ができない。現金もないから給料も必要経費も払えない。もし借金をしていて定期的に返済していたとしたら、その返済ができなくなる。帳簿上は黒字なので、黒字倒産と言われたりします。

もちろん、倒産したくないから、現金をかき集めなければなりません。借金する以外に方法がありません。

借金ができない！

しかし、新米の創業社長は、借金をする方法を知りません。そのときまで私はパソコンを買うためにローンを組んだことはありましたが、たとえば住宅ローンのような本格的な借金をしたことがありませんでした。もうちょっと正確に説明すれば、信販会社のローンを組んだことはありましたが、銀行とか信用金庫からお金を借りたことがなかったのです。

こういうとき零細企業は、当時でいえば「国金（こっきん）」と呼ばれた国民生活金融公庫（現・日本政策金融公庫）を利用するのが一般的なのでしょうが、そのような知恵も持ち合わせていません。国金は開かれた金融公庫でしたから、必要な書類をきちんと揃えて融資を申し込めば、数百万円の創業資金を借りることができたはずです。だけれど私は世間知らずだったから、我が社には融資してくれないだろうと思い込んでいて、また手続きも難しいのではないかと二の足を踏んでいました。これは無知からくる思い込みでした。相談できる税理士がいれば、アドバイスを受けて創業を支援してくれる国金の融資を申し込んだと思いますが、そのような相談ができる人もいません。

地元の信用金庫とは取り引きをしていましたが、取り引きと言っても、有限会社を設立するときに普通預金口座を開いて資本金を預かってもらい、その証明を出してくれたので、そのときの普通預金口座を、そのまま入金出金の口座として使っているだけでした。この地元の信金はメインバンクということになるのでしょうが、定期預金を積んだり、事業資金を借りたり、手形を割ってもらっていたりしたわけではないから、名ばかりのメインバンクです。

そもそも創業したばかりの零細企業が、銀行や信金から借金なんてできっこないと聞いたことがあったので、そういうものなんだと思い込んでいました。この場合も、アドバイスしてくれる人がいたなら、たとえば私の個人の普通預金と定期預金をつくり、その定期預金を担保にして事業資金を借りて、毎月しっかり返して実績をつくっていくという方法を教えてもらえたかもしれません。こうした実績があれば、社長と連帯保証人が保証すれば担保なしで事業資金を借りる道が拓けていくのですが、そのときは無知であったし、回転資金を調達する準備をしていないから、とにかくすぐに現金が欲しいというところまで追い込まれていました。

それでどうしたかといえば、社長貸付と呼ばれる方法をとりました。社長の私が会社に貸すのです。会社は私から借金する。こういう方法で手っ取り早く現金を調達するしかなかったし、他に方法を知りませんでした。

だがしかし、私が自由にできるお金は、ごくわずかでした。なにしろ会社設立の資本金さえ、三〇〇万円が必要なところを、我が家の貯金から出資する現金は二四〇万円にして、残りの六〇万円は自分のクルマを現物出資というカタチで帳尻を合わせ、何とか工面したぐらいです。三人家族の我が家の貯金は、出資金に二四〇万円も使ってしまったから、残るところ二〇〇万円もありません。

この二〇〇万円は、文字通り虎の子で、私をふくめて家族の誰かが万が一けがをしたり病気になったりしたときの備えであって、あるいは会社が潰れてしまって文無しになったときの生活費にするものですから、これ以上減らすわけにはいきません。私が私の事業のために我が家の貯金に手を出せば、最後の砦を崩すのですから、カミさんは不安に苛まれるでしょうし、そういう心配をかけたくありませんでした。「ウチの有金を全部ぶちこんで一〇倍にして返してみせる」などという威勢のいい啖呵を切ることなど、小心者の私にできるはずもありません。いや、そういうことをしてはいけません。事業には賭けの要素が十二分にありますが、博打そのものではない。ギャンブルに酔って身上をつぶすわけにはいきません。

そうなると私のヘソクリみたいな一〇万円とか二〇万円といった金額を会社に貸し付けてみるのですが、それは焼け石に水で、一瞬で仕入れのための現金支払いになって、会社の預金通帳には残りません。いつもいつも現金が足りない。やがて子どものために入っていた学資保険を切り崩し、私のがん保険を切り崩し、生命保険を切り崩していく。そうやって、あとで補塡すればいいと思えるものは、すべて切り崩しました。

こうして切り崩すものがなくなると、イケショップの社長に頭を下げて借金をお願いしました。私の考えが甘すぎたために現金が足りなくなったので、どうかお金を貸してくださいという、無心をお願いしたのです。イケショップの社長は、さすがに商売の最前線で活躍している人だけあって、何も言わずにポンと大金を現金で手渡してくれました。ありがたいなんてものではなかったです。

ただ、いま考えると不思議なのですが、消費者金融やカードローン、また高利の個人金融には手を出しませんでした。金利の高いものを本能的に避けていたのだと思います。それは賢さではなく、高金利を見てビビっていただけでした。

眠れない日々

このように創業したばかりのサンコーは自転車操業でした。仕入れて売る。注文があるからまた仕入れる。そのために回転資金の現金を借りる。売らないと借金を返せないから、ひたすら売り続ける。自転車をこぐのを止めれば倒れてしまう、文字通りの自転車操業でした。三八歳の私は働き盛りでしたから、疲れを知らずにひたすら働き続けたので、何とかなっていたと、いまは思います。

ただし、眠れない夜はつらいものでした。夜、布団に入っても、あれこれ心配になり、あーでもないこーでもないと考えが頭の中でぐるぐる果てしなく回って、眠れなくなる日が何日もありました。お金の心配はもちろん、今度の商品は売れるのか、買い付けた商品が無事に届くのかといった、考えても後戻りできないことまで、次々と心配になっては考えて悩んでしまい、どんどん不安が大きくなり、眠れなくなるのです。

元来、私は悩み事があっても、「もう悩んでも仕方がないや」と悩み疲れて寝てしまうタイプでした。ところがこのときは、それまでに経験したことがない大きなストレスに襲われて、しばしば不眠症状になっていたのだと思います。毎晩眠れないというほどではなかったのですが、一週間の半分ぐらいは眠れない夜をすごしていたと記憶しています。

そのストレスの半分以上、いや大半は、勉強不足からきたものだと、いまではわかっています。あの頃は、会社を経営する実務とか財務、経営の原理とか理論、そういうことがまったくわかっていませんでした。そういう考えや知識を学ぶ必要があることさえ知らない。必死になって仕事をして生活していくことしか考えていなかったのです。無知というのは怖いものだということが、無知だからわからないのです。だから回転資金の現金資金繰りに追われて悲鳴を上げ、不眠に悩む時期が五年ぐらい続きました。

幸運だったのは、社長ひとりで働き続けた初年度の総売り上げが九〇〇〇万円ほどあり、借金を返済するために借金するというような悪循環に陥らなかったことです。売り上げの数字はどんどん伸びていったので、借りたお金は、きちんと返せたし、利子も支払えました。しかし利益率が悪いですし、きちんとした経営をしていないから、自分の給料の遅配や欠配はありました。それでも生活するのに困るほどではなく、ただひたすら目先の仕事をする自転車操業を続けていられたのです。

時間があれば、目を血走らせながら売れそうな商品を検索して、あれこれ検討しては考え込み、お金の計算をしている。計算といっても、一個売れれば一万円儲かるから、一〇〇個だったら一〇〇万円だというような単純な計算しかしていません。「これは売れるぞ！」と思える商品を見つけた日は、ぐっすり眠れます。その商品を販売して、どーんと売れたら、もっと良く眠れる。商品を大量に買い付けるといっても、せいぜい三〇〇個ぐらいが限界で、それ以上買い付けるのは怖い。その三〇〇個を調達して販売すると、どういうわけか五〇個しか売れないので不眠になる。でもがんばってちまちま販売を続けて一年後に三〇〇個売り切ったら、やっと眠れる……というような日々でした。

これは創業社長として大切な仕事でしょうが、もちろん社長の仕事はそれだけではありません。売り上げは何とか伸びているのですから、経営しないと成長しないのです。そのことが全然わかっていませんでした。

資金繰りの重要性

いまでこそ、ゼロスタートで売り上げが伸びているときの資金繰りが大変なのは、結局は利益率の問題なのだと、理解できるのです。その頃の営業利益率は二パーセントとか三パーセントなので、自転車操業になるに決まっています。やはり一〇パーセント以上をめざさなければ経営と呼べないと思います。

一般的に一〇パーセント以上の営業利益を出せば優良企業だと言われますが、私は優良企業でも何でもない普通の会社の当たり前の数字だと考えています。利益を残して内部留保するには一〇パーセント以上の営業利益が必要です。節税のために営業利益を、たとえば三パーセントぐらいにする経営者がいて、そうすると納税額が安くなるかもしれませんが、キャッシュフローを悪化させる直接的な原因になるばかりか、脆弱な経営だと思います。黒字と赤字を毎年繰り返して、プラスとマイナスをちょこちょこ跳ねたり飛んだりする経営者もいます。それは確かに節税になるかもしれませんが、大きなトラブルがあったり、想定外の金融危機で景気が後退したり、予想もできない大震災や新型コロナウイルスのような感染症の流行があって社会が揺さぶられてしまったとき、その会社は脆弱性を露見して倒産の危機に追い込まれると思います。やっぱり、しっかり利益を出して、お金を内部留保していくしか、頼りになる会社に成長できません。

しかし、サンコー創業期の私は、そんなことはひとつも知りません。考えたこともなければ、考えるための知識もありませんでした。従業員がひとりもいない、社長ひとりの会社でしたから、無責任に起業という人生の冒険を楽しんでいたのかもしれません。

とはいえ、経営の勉強も始めていました。

書店に行って、起業経営者の本や自己啓発の本、会社財務の解説書などを買い漁り、手当たり次第に読んでいました。それまで本を読んで勉強するのは学校の教科書だけで、自分で本を選んで読んで勉強することがなかったので、本の読み方も勉強の仕方も下手でしたが、とにかく次から次へと本を読んでいました。

本を読むようになっていいなと思ったのは、知識が増えることだけではなく、いつも本を読むことで、問題意識を途切らせることなく頭の中に宿して、経営について考え続ける時間が持てることでした。決して頭がいいわけではないから、いつもいつも考えていないと、知識が深まらないし、知恵も生まれてこない。また、書店に行くという行動も意味があるなと思いました。書店で本や雑誌を見て回るだけでも情報収集になるし、いろいろなことを考えます。行動して、学んで、考える。考えるために行動する、考えてから行動する、という方法をこのとき身につけたと思います。

その頃に読んだ本のなかで忘れられないのは、ユニクロやジーユーを傘下に持つファーストリテイリングの創業者である柳井正さんの『一勝九敗』（新潮社／二〇〇三年）です。

当時のユニクロは、一九九〇年代にフリース商品で大ブームを巻き起こして二一世紀に突入した、創業二〇年足らずの企業でした。年間の売り上げ高が四〇〇〇億円を超えたと話題になった頃です。我がサンコーは初年度の売り上げ高が九〇〇〇万円だったので、ユニクロはその四五〇〇倍ぐらいです。柳井正さんが力説していることは徹頭徹尾リアリズムに満ちていて腑に落ちるのですが、我がサンコーが小規模すぎて、経営についてはほ参考にするところがないなと思いました。比較にならないのです。

ただし、この本には、私を一撃で真っ二つに切り裂くような一文がありました。

柳井正さんは成功者ですから、その成功物語は面白く、まるで自分が成功したかのような大きな気持ちになって通勤電車のなかで数日で読み終えたのです。そして「あとがき」を読んでいたら「起業家十戒」が記してあった。最初の項は「ハードワーク、一日二十四時間仕事に集中する。」で負けず嫌いの働き者である柳井さんらしいものでしたが、最後の項に「つぶれない会社にする。一勝九敗でよいが、再起不能の失敗をしない。」とあった。そしてその横に、改行して、こう書いてあったのです。

「キャッシュが尽きればすべてが終わり。」

この一文が私の心に突き刺さりました。柳井さんもそう思っているのだ。だとすれば、これは絶対的な原理原則だと私は思いました。

キャッシュが尽きればすべてが終わり

すでに書いてきたように、当時の私の日々は、いかに現金を調達し、仕入れをして販売するかに尽きていました。ですから、キャッシュが調達できなければ終わりになるのだなとわかっていたのですが、いまいち信じる気になれなかったところがありました。信じたくないのです。でも、柳井正さんにずばりと書かれてしまえば、信じたくないなどという甘えは、さすがに消え去りました。

私は「キャッシュが尽きればすべてが終わり。」と肝に銘じました。その夜は、またもや不安と悩みで眠れませんでした。どうしたら現金が尽きないようにするか、考えていたのです。

しかし経営の勉強を始めたばかりですから、考えることは幼稚でした。無理やり毎月、積立預金をしていこうとか、ひとつの商品が売り切れたら、その売り上げの一〇パーセントを積立預金しようとか、小学生が考えそうなことばかりでした。

世間知らずもいいところですから、企業が金融機関から大型の融資をうけて、つまり借金をして、それを資金にしてビジネスを回し、借り入れ金を返済しつつ利益を内部留保していくという「常識」がわかっていない。創業したばかりなので金融機関に信用がないから、金融機関から借り入れができないので、借り入れをして商売を回すという実感がわかないということもあったかもしれませんが、商売のイロハのイの字がわかっていない。そのくせ人からは借金しているのだから、いま考えれば恥ずかしいとしか言えない素人経営でした。

とにかく追い詰められて、怯えながら、人からお金を借りて、商売を回しているだけで、計画的に借り入れをして商売していく自信がない。毎月の返済ができなかったら、どうしようという不安ばかりが積み重なっていくだけでした。

創業一年目に残ったものは、創業年の社長ひとりきりの会社にしては大きな売り上げと言えそうな総額九〇〇〇万円の実績と、働き続ければ何とか会社をやっていけるという、ほんの少しの自信のようなものでした。

〈サンコーのユニークなアイデア商品〉
『ごっそり爽快!スマホで視ながら耳かき掃除機』(2021年) ¥6,980

スマホで耳内部の映像を見ながら耳かき＆吸引できる、耳の掃除機。本体とスマホをワイヤレスで接続し、本体の先端に取り付けられた3.9㎜の超小型カメラと6つの高光度LEDで耳内部の様子を捉え、1,280×720ピクセルの高画素で映し出す。しかも、取り損ねた耳垢を吸引機能で吸い取ることができる。耳かきノズルでごっそりかき出し、残った細かい耳垢をシリコン吸引ノズルで一気に除去する、という使い方が可能な最先端耳かき!?

第五章　経営者としての成長が問われた一〇年

資金繰りでの苦労が続いた二年目

前章で、創業一年目の総売り上げが九〇〇〇万円になったと書きましたが、二年目は二億円にまで跳ね上がりました。倍増どころか二・二倍になったのです。

社長一人で働いて、年商二億円までいくと、大忙しのテンテコ舞いという日々が続きます。毎日毎日、週末も休めず、朝から晩まで、それこそ終電まで働いていました。お客様からの注文を受け付けて、返答し、商品を梱包して送り状を書いて発送作業をする。商品が足りなくなれば海外のメーカーに発注して送金し、日本到着を待って輸入手続きをして確保する。時間を見つけてはインターネットで次の商品を可能なかぎりじっくりと検索して、あれこれと考え込み、マーケティング戦術を練り上げました。

文字通りのワーカホリックだったのでしょうが、仕事が面白くて病的に働いていたというわけではなく、働いていないと怖かったのだと思います。仕事があるほど安心できるというか、食えなくなる恐怖から逃れられる。初心者マークの小心者の起業社長の心情なんていうのは、そういうものだと私は思います。

おかげさまで私の給料が遅配することもなくなり、ちょっとはベースアップして、会社員時代の年収を超えるところまでいきました。それはそれで一息ついたのですが、回転資金の資金繰りは相変わらず火の車でした。売り上げが二倍以上になると、必要とする回転資金は二倍どころか三倍ぐらいになった感じで、資金繰りはますます大変になりました。

初年度の一商品あたりの一回の仕入れ額は二〇万円ほどでしたが、二年目にはそれが一〇〇万円程度になっていましたから、月に二度も三度も初年度の実に五倍ものお金を支払って、回収していたことになります。この創業期は計画性がまったくない商売だったので、五倍のお金が動くと、やらねばならぬあらゆる仕事がそのまま五倍以上になるという有り様でした。合理的に仕事を進めようなどと考えている時間すらありません。

ようするに目の前の仕事に追われて、中長期的な展望を考える時間がないけれど、ものすごく忙しいから「やっている感」だけは大いにありました。その「やっている感」がなかったら、気力も体力も保(も)たないぐらい忙しかったのです。

自分の給料を賃上げして、食えなくなる恐怖を遠ざけてはみましたが、資金繰りが苦しくて倒産するのじゃないかという恐怖が潜在的に存在しますから、そこだけが不安のタネでした。

ひとつ良いことがあったのは、起業したばかりなのに、そこそこのお金が動いていますから、預金口座を持っていた信用金庫がサンコーに興味を持ってくれて、いわゆる銀行借り入れができるようになったことです。

企業というのは、さまざまな方法でビジネスをして利益を出していくわけですが、金融機関から借り入れをして、商売を大きくして、大きな利益を求めるのは、そのひとつの正当な方法です。だから借り入れを恐れてはならないし、借り入れをしてみて、その本質を実地で学んだ方がいいといまは思います。

借り入れを増やしていくと、それなりに資金繰りが楽になっていくように思えたり、借り入れが増えることで定期的に返済していく金額が大きくなってくると、それがキャッシュフローを弱体化させているのではないかと思ったりします。これは商売をしながら学んでいく他はありませんでした。借り入れを返済するために、新たな借り入れをしてはならないとか、安定化資金の有用性などを、信用金庫の営業の人たちに教えてもらいました。貸す方は利子で儲ける生々しい商売をしているのだから、その厳しい商売の現場を知り尽くしています。そうした彼らから、商売の方法を学ばせてもらいました。

お金は生き物だと言いますが、まさにそのとおりで、考え方や使い方で生きたり死んだりするというか、とても現実的で複雑な生き物です。このときから私はお金について学び始めたのですが、それから二〇年近く経過したいまでも、わかったとは言い難いほど、お金は奥深いものだと思います。もちろん、お金で眠れないほど悩むときも、青ざめるような怖い思いも、儲かったなという甘い経験もしてきましたが、やっぱり自分の采配ひとつで地獄を見るという恐怖体験がないと、私のような凡人は真剣に考えないのだと思います。

創業一年目の経常利益は二〇〇万円ほどでしたが、二年目は一〇〇〇万円ほどで、起業したばかりの弱小会社として体を成してきたかなと思えました。

株式会社への移行と社員の雇用

三年目に入るとき、私は二人の社員を雇うことにしました。

その動機たるや単純で、一人では仕事が回らなくなるほど忙しくなってきたからです。誰か手伝ってくれないかと思っていたところに、前に勤めていたイケショップ時代の同僚が二人、イケショップを辞めたという話を聞きました。その二人は、私より八歳ほど若くて、二人ともに三〇歳ぐらいでした。

二人に連絡して、有限会社から株式会社になるから、入社しないかと誘いました。彼らは二つ返事でＯＫだと誘いに応じてくれました。そのときはうれしいとしか言い様がありませんでした。彼ら二人は、イケショップ時代に一緒に仕事をしていたから、サンコーの仕事内容をあらためて説明する必要がありませんでしたし、パソコンが日常生活家電になっていった事情やいきさつも理解していました。さらに言えば、イケショップで働いていたから、売れそうなパソコンの周辺機器を選ぶセンスを二人ともに持っていたのです。

有限会社から株式会社になれたのは、資本金を自己資金で増資して一〇〇〇万円を超えたからです。自分の給料を増やして、増やした分だけ増資した勘定です。当時の私の感覚からすると、株式会社になって、ようやく普通の会社らしくなったと思いました。

そんな程度の社長の私としては、人手が増えれば、そのぶんだけ売り上げが増えるだろうと、きわめて単純な計算しかしていません。三人になれば、売れ筋の商品を検索して選び、それを製造している台湾や中国のメーカーと連絡をとって仕入れることも、いままで以上に多量にできるはずです。

なにしろ社長一人で仕事をしていると、お客様の注文を管理して、商品を梱包して発送する作業に追われてしまい、情報収集とか仕入れの仕事に集中できないのでした。サンコーのビジネスは、どのような商品を選んで売るかが、もっとも重要なところですから、人手不足のために、そのリサーチに集中できないのは如何ともしがたい悩みでした。

思ったとおり、三人になれば、目下の悩みであった人手不足は解消し、売り上げが増えるという単純計算は見事に当たりました。サンコー二年目の総売り上げは二億円ほどでしたが、三年目は四億円になり、また倍増したのです。

私と社員二人が働く三人の会社になったので、事務所の引っ越しもしました。冬寒く、夏暑い、倉庫から脱出したのです。今度の事務所兼倉庫は、同じ文京区内の湯島を選び、事務所用のビルの一室を借りました。住居用のマンションの一室を事務所用に借してくれるところもあり、ビルの一室を借りるより保証金が安い場合が多いのですが、高い保証金を入れて事務所用のビルを選びました。保証金は住宅用マンションの一室を借りるより四倍とか五倍かかりますが、輸入商社のような業務形態からファブレスメーカーへの成長転換を考えていて、会社としての構えを作りたかったからです。ただし、その成長イメージはボンヤリとしたもので、戦略も戦術もない、現実的かつ具体的な計画もない、夢みたいなものでした。

だから、この時期、私は手痛い失敗をしています。ボンヤリした夢を、ちゃんとした計画にしなかったという失敗です。つまり頭の中では考えていたのですが、それを計画書にまとめ、社員に表明して目的を共有するといった現実的な施策をとらなかったのです。このとき、進むべき方向へ、第一歩を歩み出すべきだったのに、それができませんでした。

その結果、停滞期が始まってしまいました。年度ごとの売り上げ総額はそれなりに増えているのに、会社が成長していきません。その後一〇年ぐらいにわたって、会社の成長スピードを遅くしてしまいました。いま思えばこその手痛い失敗ですが、これも無知のなせるワザだったと反省しています。

創業三年で年商四億円は、急成長と言っていいと思いますが、さらなる会社の成長を望むならば、こういう時期に資本を増やして、経営環境を大幅に改善し、中長期的な経営計画を立案して、ビジネスモデルを確立することをやっておけば良かったのです。

もっと具体的に言えば、ベンチャーキャピタルと組んで増資を得て、会社の成長をさらに急角度にして、ベンチャー企業らしく上場を狙い、投資と配当の好循環を作ることでした。ようするに株価の時価総額で判断されるM&Aの対象になりうる会社を育てるといった、現代のベンチャー経営者らしい目的がなかったのです。

当時の私の頭を一杯にしていたのは、明日のメシをどう食べていくか、ということでした。来月の給料の支払いとか、もうちょっと長期的なことでも次のボーナス支払いの心配という程度だったと思います。それはそれで大切なことだし、当時の私の現実と限界そのものだから後悔しても仕方がないことですが、この後にサンコーは煮え切らない時期を迎えてしまいます。前進しているつもりが、足踏みの状態になっていました。

その原因は、やっぱり創業経営者としての私の勉強不足でした。また、私自身の自己実現の夢を、しっかりと描いていなかったのも原因でしょう。ひとりの人間として、目の前のご飯にとらわれすぎていたのだと思います。

売れ続けたパソコン周辺機器

創業から二年間、メインで販売していたのは、起業したときに選んだ三つの商品でした。腕時計型MP3プレーヤー、腕時計型フラッシュメモリ、モニターアームです。もちろん、いくつか新商品を増やしてはいましたが、基本的にはこの三つが安定して良く売れたのです。大ヒットとかロングセラーとまでは言えませんが、パソコン周辺機器としては、良く売れ続けた商品でした。

販売価格は高いものでも一万六〇〇〇円ほどです。そのような商品は、一つ売れれば三七〇〇円ほど粗利が出ますから、それが一万個売れれば、粗利は三七〇〇万円です。自社で仕入れ、自社で宣伝広告をして、直接販売しているのだから、在庫管理も目で見て数えれば済んでしまうように、お金の流れも、商品の流れも、きわめて単純な商売をしていました。サンコーはパソコン周辺機器の小さな商社でした。

一九八〇年代後半からマニア的なパソコンブームが勃興(ぼっこう)し、一九九〇年代になって多くの会社がパソコンを導入したことで一気に需要が広がり、さらに生活必需品として個人の生活に浸透していく時代でした。この時代から今日まで、パソコン周辺機器は、その商品が便利で、面白く、生活を楽しくするものであれば、大ヒットとまではならないまでも、そこそこ売れる商品になって利益が出ます。

九〇年代は、パソコンが高額商品だったので、耐久消費財だと思われていました。電気製品における耐久消費財の代表は冷蔵庫や洗濯機だと思いますが、それらは技術開発が落ち着いている安定した商品です。しかし当時のパソコンは、日進月歩の技術開発の真っ最中で、ソフトも次々と開発されている、大衆化したばかりの商品でした。

そのような時代のパソコン周辺機器は、言ってみれば最先端の流行商品でした。流行商品ということは、一時期は流行って売れるけれど、そのうち廃れて人気がなくなる商品です。それは至極、当然の成り行きでした。

たとえば腕時計型MP3プレーヤーで説明すると、初期の性能では二〇曲ぐらいしか保存できなかったのですが、それが技術の進歩やコストダウンによって一〇〇〇曲保存できるようになったら、それは一〇〇〇曲の方がはるかに便利です。二〇曲を保存するプレーヤーは誰も欲しくはありません。

あるいは当時のプレーヤーは、有線のイヤホンやヘッドホンで聴いていたのですが、いまではワイヤレスが標準です。そもそも単機能の音楽プレーヤーそのものが、必要のないモノになってしまいました。いまならばスマートフォンにアプリを導入すれば高機能の音楽プレーヤーになります。また、スマートウオッチにも音楽再生機能があり、そのうえ歩数や移動距離、消費カロリー、体温、心拍数、血圧、血中酸素濃度といったヘルスケアのデータまで測定し、管理してくれます。こういう商品があるわけですから、現在において腕時計型MP3プレーヤーは古臭いなんてものじゃないというわけです。

しかし、二一世紀になったばかりの当時は、二〇曲しか保存できない腕時計型MP3プレーヤーでも、それこそが流行商品だから、その流行に火がつけば売れて儲かりました。この時代はまだ誰もがパソコンを持っているわけではありませんから、爆発的な流行にはなりません。でも、じわじわと確実に売れ行きを伸ばしていく商品でした。

この「じわじわ」が重要なのです。

流行に敏感なお客様は、自分好みの商品をみつければ、それがガジェット（ギミック＝興味をひく仕掛けのある雑貨）としては、やや高い一万六〇〇〇円でも、その場でポチッと買ってくださいます。そういうお客様が一日に何十人といらっしゃって、じわじわ売れていく。さらにじわじわ売れるのは、ボーナスが出たら買おうとか、バイト料をもらったら自分にご褒美として買ってくださるお客様がいらっしゃるからです。

それでも、すでに書いたように、こういう商品には商品寿命があります。もっと高性能であったり、もっと安価であったり、もっとカッコいいライバル商品が出てきたら、ぱたっと売れなくなります。

仕入れる商品をどう選ぶか

そうなると次なる商品を探して選んで仕入れていかなくてはなりませんが、これも簡単ではありません。

よく、自分が欲しくて、日本に売っていないモノを探して買い付けて売ればいいじゃないか、と言われるのですが、自分の欲しいモノは、実はそんなにたくさんの種類があるわけではありません。読者のみなさんも、ご自分の胸に手を当てて考えてもらいたいのですが、一万円とか二万円で買える、欲しいモノはいくつありますか。一つか二つくらいではないでしょうか。あるいは、これを一つ買ったら、その次は別のモノが欲しくなるといった、買ってみなければ次に欲しいモノがわからない、という段階性もある。

一人で働く会社から、三人が働く会社になって、商品探しが三倍の効率で進んだかといえば、そうなるはずがありません。興味の方向が重なっていれば、目をつける商品も似てくるし、最先端のマニアとか少数に支持される、あるいは理想的なモノは、世界中探しても商品化されていないわけで、そうした商品を探しても商売にはなりません。

そうなると、どうするかといえば、マーケティングの手法を使わざるを得ません。

私たちは、日本にないパソコン周辺機器を探してきて、それが万人の生活の役には立たないかもしれないけれど、こういうモノがあったら面白いとか楽しいと考える人が一定程度いるだろうという商品であれば、仕入れて売る。これがサンコーのスタート地点です。

この考え方には、大切なマーケティング手法が隠れています。それは、商品選びの過程が二階建てになっていることです。「市場にない商品で」＋「面白い、楽しい」という風に二階建てになっている。しかも万人が「面白い、楽しい」と喜んでくれる商品ではなくて、当時まだ少数だったパソコンユーザーでなければ「面白い、楽しい」がわからないようなマニア的商品です。「市場にない商品」は大きな価値ですが、それは一階に相当する部分です。それだけではなく付加価値としての「面白い、楽しい」が二階になっている、という手法です。

こうした二階建ての考え方で選んだ商品を、ネット通販で販売するサンコーのECサイトを私は「レアモノショップ」と名づけました。レアとは「珍しい」とか「希少」という意味ですが、ようするに少数派ということです。「市場になく、面白い商品」=「レア」、あるいは「当時少数派だったパソコンユーザー」=「レア」というダブルミーニングです。ただし、いくら商品や対象とするお客様がレアであったとしても、「売れて儲かる」ものでなければ商売にはなりません。

となると、「売れて儲かる」とは、数字的にどれくらいなんだろうという疑問が出てきます。これはケース・バイ・ケースです。販売価格が高めの商品が一〇万個というケースもあれば、廉価な商品で一〇〇万個売れる場合もあります。また、一万個売れる商品が一〇種類積み重なることもあります。半年でぱーっと一万個売れる商品があれば、二年かけて一万個をようやく売り切る商品もあります。

こうした数字的なことは、マーケティングと販売方法の両方にかかわることなので、この要素を別々に考えた方が整理しやすい。売れ行き予想と売り方は、まったく別の話です。

売れ行き予想における数量的マーケティングは、私たちサンコーの場合は資本力がないから、一つの商品に大きな投資ができないという、大前提の絶対条件があります。たいていは、最初は一万個を注文してみて、よく売れたら一万個を追加して、最終的に一〇万個売れた――というビジネスモデルにならざるを得ません。ただ、誤解しないでいただきたいのは、この方法は、戦略的に石橋を叩いて渡っているのではなく、資本力がないからこういう方法しか選べないのだ、ということです。だからこそ、販売状況をしっかりと見て、勘を働かせて、資金を用意して、一万個ずつ仕入れていくタイミングを判断しなければなりません。別の言い方をすれば、仕入れスピードの加減が大切ということです。売れ始めたら矢継ぎ早に商品を市場に投入できるかどうかは、この仕入れのスピードにかかっています。

ターゲットの年齢ゾーンは気にしない

ここまでサンコーのビジネスモデルについて説明してくると、やはり最初の疑問に立ち戻っていくでしょう。どうやって商品選びをしているのか、というマーケティングの方法です。自分たちの興味で選んでいれば、好みや視野の広さにかぎりがあるので、すぐに限界がきてしまうことは、すでに書きました。

だから商品選びのためにマーケティングをするのですが、そのときに私が注意しているのは

「年齢別のセグメントをしない」ということです。二〇代後半の独身女性とか、三〇代前半の会社員の男性というような年齢セグメントをしません。なぜかと言えば、現代のような多様性の時代に、年齢セグメントは当たらないからです。マーケティングの世界でも、たとえば女性のマーケットを設定するときに、三〇代前半女性層には二五歳から三〇歳までの商品設定をするという「若さ」のスケールを使うことが可能だと言われる程度で、男性の場合は年齢セグメントがほとんど意味をなさないことが多いそうです。むしろ男性は年齢より、年収セグメントで分析した方が当たりやすいとさえ言われています。

ただし私は、「世代」という分類は重要だと考えています。たとえば一九九〇年代後半から二〇一〇年頃までに生まれた世代は「Z世代」と呼ばれていますが、これはそのような年齢ゾーンを言っているのではなく、その時代に生まれた人びとの共通する考え方や感覚のことを指しているのだと思います。極端な例で言えば、戦争をしている時代に生まれ育った人びとと、平和な時代に生まれ育った人びとは、社会環境がまるっきり異なるので、考え方や感じ方も違うはずです。しかも、この違いはZ世代全員が持っているものではありません。Z世代こそ多様性の世代だから、社会環境に敏感に反応している人たちもいれば、旧世代同様に保守的で落ち着いた人たちもいます。またZ世代の年齢ゾーンではないけれど、Z世代と同じような多様性のある価値観を持っている人たちもいます。

そういう意味では、「世代」ではなく、むしろ「時代」とか「時代的傾向」と呼んだ方が正確なのかもしれませんが、いずれにしても、それをきっちりと把握しておくことは、マーケティングの常道でしょう。

こうした基礎的なマーケティングの手法を認識したうえで、私が選んでいる方法は、そのターゲットの人たちになり切ることです。その世代の人たちの傾向、育った時代の出来事、考え方を調べ上げて、その人たちになり切る。

ターゲットとした世代の人たちの意見を聞くことは大事ですが、その当事者が自分たちの世代について、よく知っていると決めつけて考えない方がいいようです。自分たちの時代的傾向とか特徴、育った時代にあった流行とか現象は、当事者にとって当たり前のものでしかないので、客観的に捉えていない場合が多いからです。

ものまね芸人が、ものまねされる本人も気がついていない特徴を、ことさら大袈裟(おおげさ)に表現することで、本人に迫ってお客様を唸らせるということがありますが、マーケティングもそんなものではないかと私は考えています。当事者本人より、観察したり調査したりする者のほうが、その対象者をよりよく分析できます。

次に大切だと思うのは、ある世代を分析して把握したと思ったら、そのことを仕事仲間にしっかりと伝えて十分に意見交換をすることです。会議をしてもいいけれど、何度も会議をすると個人の責任が軽くなってしまい、無責任な結論になってしまうので、会議は一回でいい。他人の意見を素直に聞いて、修正すべき分析内容があったら修正します。

私のような人並みの人間は、たったひとりでは、すごいアイデアを生み出したり、詳細な分析はできないから、人様のご意見を拝聴すべきです。でも、多くの人たちの意見を聞くと何が何だかわからなくなってきますから、それはほどほどにした方がいい。この段階にきたら、意見を聞いて考えを練るより、実行を始めて、できるかできないかを判断するべきだと思います。試作品を作るとか、少なくとも自分で絵を描いてみる。そうすれば結論が見えてきます。

失敗の理由がわからないこともある

お客様の立場に立って商品アイデアを考えるべきだと、偉そうなことを言っていますが、それで百発百中すべて当たりの商品が生み出せるかと言えば、それはあり得ません。残念ながら、マーケティングも商品企画も、当たらずに失敗することが多い。

どんなに成功した経営者でも、必ず自分の失敗経験を語っています。いわく、失敗しない人はいない。失敗しなければ成功できない。九九パーセントは失敗で、成功は一パーセントにすぎない。

たしかにその通りで、チャレンジすれば必ず失敗がついてまわります。逆説的に言えば、失敗を避けるとチャレンジになりません。それぐらい厳しい掟があるのですが、成功した人の失敗話は、なぜか自慢話に聞こえてしまうところがあります。転んでもタダで起きないとか、内容を分析して失敗の本質を見極めるとか、反省して二度と失敗しないようにする、というような自慢話になっています。

だけれども、私の経験から言わせていただければ、原因を分析しようにも何が何だかわからない失敗が多くて教訓にならず、また、反省したはずなのに二度も三度も繰り返して失敗することはザラにあります。失敗しただけで、そこから学ぶことすらできないのが、本当の失敗だと思います。

たとえば、爪を磨くための、小さなドリルのような電動ネイルブラシ『ＵＳＢネイルケアシステム』を調達して販売したことがあります。もちろん私も自分で使ってみて、たしかに爪がピカピカになることを確認してから仕入れました。電源はＵＳＢと単三電池の両方が使えます。何人かの女性に使ってもらって、これは便利でいい商品だと言われたので販売に踏み切ったのです。販売定価が二九八〇円の商品でした。

当時もいまも、サンコーのお客様の男性比率は大変に高いです。そもそもガジェット系のニュースサイトに来てくださるお客様は男性ばかりで、それも三〇代から五〇代の男性です。だから女性のお客様にウケる商品を探していたのです。女性のお客様にサンコー商品の魅力を知

『USBネイルケアシステム』
（2005年）￥2,980

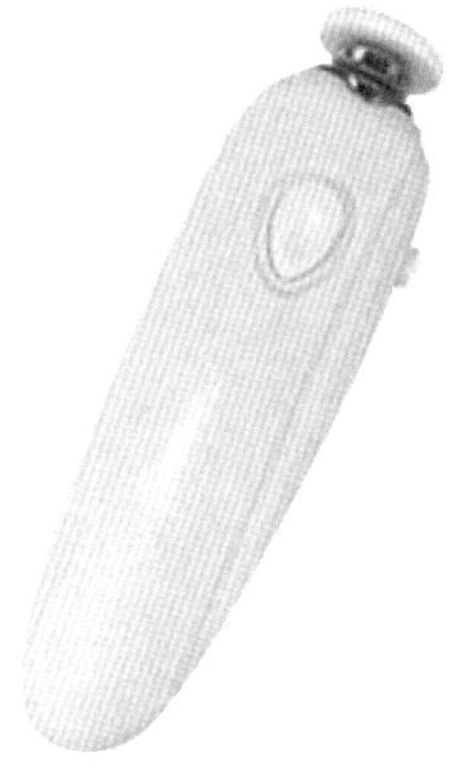

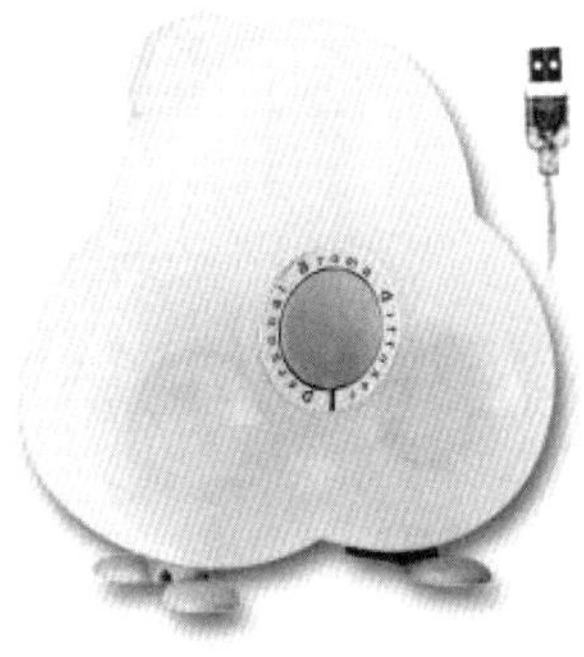

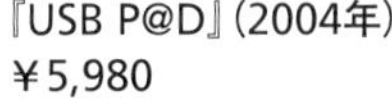

『USB P@D』（2004年）
￥5,980

っていただければ、それだけでマーケットが二倍に拡大するわけですから、開拓すべき市場でありました。

しかし、『USBネイルケアシステム』はまったく売れませんでした。しかも売れない理由が判明しません。当時は二〇〇〇年代だったので、パソコンを仕事では使っているけれど、プライベートでは使わないので、USB電源のネイルブラシは欲しくならないのだろうか、とも推測しましたが、単三電池でも使えるのです。見た目も無骨ではなく愛嬌があるカタチなのですが、人気が出ません。あるいは爪を綺麗にしたいときは自分で磨くのではなく、ネイルサロンへ行ってぱっとお金を使う方が楽しいのかもしれません。

とにかく、そこには売れないという大きな壁があるのだけれど、なぜその壁があるのかが最後までわかりませんでした。これは完全に失敗なのですが、どこでどういう風に失敗しているのかさえ、わかりませんでした。反省しようにも反省するポイントがつかめないのです。

同じように売れなかった失敗商品にアロマディフューザー『USB P@D』がありました。USB電源につないで、カートリッジ式のアロマをセットして、スイッチオンすると良い香りを発する、という商品です。しかもその香りが発する程度を自動的にコントロールしてくれます。良い香りが出っ放しになると、嗅覚が慣れてしまって麻痺してくるから、香りの強さに強弱をつけて、常にいい香りを感じることができるという機能がありました。

この『USB P@D』は、三種類のアロマカートリッジとセットで販売定価は五九八〇円でした。

しかも書店やコンビニで一般販売されている通販系の女性誌が、初めて声をかけてくれて、コラボレーションしましょうと言ってくれました。誌面を割いて商品を紹介してくれると言うのです。女性誌の営業の人や編集の人が声をかけてくれたのだから、これは女性のお客様にウケるぞと思いました。アロマテラピーのブームが背景にありましたから、それで思い切って二〇〇〇個仕入れたのです。これは当時のサンコーにとっては大量仕入れで、通常の一〇倍ぐらいでした。

しかし、売れませんでした。これも売れない理由がわからないのです。香りの商品だから会社のオフィスで使うことはできないので、自宅で楽しむものでしょうが、その自宅にパソコンを持っている女性が少なかったのでしょうか。でも、そのような条件を女性誌の人たちが判断できないわけがないと思うので、なぜ売れなかったのかは、いまだに謎です。売れないという事実だけが残りました。

この『USBP@D』については後日談があって、売れ残った大量の在庫を倉庫に保管していたところ、香りが漏れて倉庫全体がいい香りになってしまったのです。他の商品に香りが移ってしまうので、泣く泣く大量処分しました。

私は失敗すると、それがつらく悲しいから、忘れたいと思うタイプです。さっさと忘れて次の商品企画へ邁進したくなるのです。失敗をくよくよ悩んでも仕方がない。しかしながら、忘れられない失敗というのがあります。この『USBネイルケアシステム』と『USBP@D』は、まさに忘れられない失敗でした。とくに『USBP@D』は、その香りを鼻が覚えていて、香りと共に失敗経験が思い出される始末です。

生きていれば、仕事だろうが生活だろうが、失敗は必ずします。そのなかには考えても理由がわからない失敗も多くあります。反省しようにも反省できない失敗もあります。だから大切なことは、失敗を恐れてチャレンジをやめないことです。失敗は怖い。でもチャレンジをしないことは、もっと怖い。私はそう考えるようにしています。

実店舗を開店

サンコーは、創業三年目にして、二度目の引っ越しをしました。湯島から秋葉原へ移動したのです。二〇〇五年四月のことでした。

このとき秋葉原の別のビルの一階にショップ兼ショールームとして「サンコーレアモノショップ」という実店舗を開店しました。インターネットショッピングが専門のサンコーですが、商品の現物を自分の目で見て、確かめてから買いたいというお客様は一定数いらっしゃることはわかっていました。

創業期に倉庫の一角を借りていた時代でも、商品をぜひ見たいと足を運んでくれるお客様がいて、そういうお客様がいなくなることはありませんでした。お客様のなかには、自分の足で歩いて、自分の目で商品を確かめて買うという行為を楽しむタイプの人がいます。ネット通販サイトをまるで商品カタログのように使い、いざ買うとなったら現物を見て触ってから買う。クレジットカードやPayPayではなく、何でもキャッシュで買う人たちと同様に、そうすることが好きなのだと思います。

私自身も現物と現場と現実へ、自分の足で行き、自分の目で見て、確かめることが好きです。

気になる商品があったら、それを売っているお店に行って、必ず販売現場で現物を見ます。本を一冊買うのでも、できるかぎり書店に行って買います。書店に行けば、そのときのベストセラーを目にすることもできるし、いろんな本を売っているんだなと自分の目で確認することができます。書店や販売店へ行くために町を歩くことで、まだメディアが伝えていないような動向をつかむこともできます。

つまり、ネット通販だけでなく、リアルショップへ来てくださるお客様も同様に大切にしたいと私は考えているのです。だからこの二回目の引っ越しを機会として、ショップ兼ショールームを開くことにしました。

オリジナル商品を開発したい

この秋葉原への引っ越しは二〇〇五年で、その年の年間の総売り上げは四億円でした。社員数はまだ一〇人に達していません。販売する商品は、まだまだ調達品ばかりの時代でした。

でも、商品を輸入して販売しているうちに、お客様から改良点を指摘されたり、自分たちでも改良点を発見して、その商品を製造しているメーカーに改良提案をするようになっていきました。こういったことが重なりあちこち改良が進むと、調達品というよりはサンコーだけで購入できるオリジナル商品と化していきます。

たとえば腕時計型MP3プレーヤーでも、発売してからしばらく経つと、アルバム一枚分ほどの容量をもつ類似モデルがマーケットにあふれてきましたが、その頃にサンコーで販売していたモデルはアルバム一〇枚分の容量をもっていました。製造するメーカーに改良提案をして、商品が進化していたからです。また、そのたびにデザインが変わったり、インターフェイスも改良されたりします。ようするにサンコーで販売しているうちに、まるでサンコーのオリジナル商品かのように変化していったのです。

そうした変化を経て、まったく新しい発想でサンコーならではの新商品を作ろうという気持ちが芽生えてきました。オリジナルの新商品を開発しようという企画です。

しかし新商品開発の仕事は、なかなか軌道にのりません。なぜならば、当時の台湾や中国のメーカーが、素早い開発力で次々と新商品を生み出していて、それらを調達しては販売することに忙殺されていたからです。

しかも、当時サンコーが販売する商品は、USB電源を使うパソコン周辺機器にかぎられていました。家庭のコンセントを電源にする、広い意味での家庭用電化製品がなかったのです。いまでこそサンコーは、パソコン周辺機器のみならず多種多様な電化製品を製造販売する「世界一小さな家電メーカー」を自負していますが、あの頃に家電メーカーであるという自覚があったかといえば、ありませんでした。もしあったとすれば、パソコン周辺機器メーカーというぐらいでしょう。

ただし、ファブレスメーカーとしてオリジナル商品を作りたいという気持ちは、心の底に強くあったと思います。調達品を輸入して販売するという商社的な仕事より、自分たちのアイデアで商品を開発製造してみたかったのです。商社的な仕事が川下で、メーカーが川上だとか、自分たちで商品を開発しなければ、やがて頭打ちになる、というような古臭い屁理屈ではなく、単に新商品の開発は面白そうなので、やってみたかったというだけです。

調達商品を販売する商社的な仕事に魅力を感じる人もいらっしゃるでしょう。世界中のあちこちから商品を調達して売る仕事は、ダイナミックかつロマンチックで、それはそれで深く広いビジネスです。しかし、どういうわけか私は、モノ作りをしてみたいと思っていました。これは、どっちが好きか、どっちをやってみたいのか、という性分の問題です。

商品の開発製造をしたいという気持ちは大きくあったのですが、頭でっかちだったのでしょう。具体的に言えば、USB電源にこだわりすぎました。いや、USB電源という発想から積極的に抜け出してみようという努力が足りなかったとも言えます。それはUSB電源の新たな可能性に魅せられていたのかもしれないし、USB電源の限界までいかないと次の展開が見えないと思い込んでいたのかもしれません。

そうしたいきさつはありましたが、秋葉原に引っ越した翌年、二〇〇六年あたりから、オリジナル商品として『ブルブルたこかいな』（頭皮にブルブルと刺激を与える電動頭皮マッサージャー）などを開発して販売しています。年間の総売り上げ高が五億円を超えた頃です。それなりに評判が良く、お客様に珍しがられたり面白がられたりで、予定の台数を売り切ることができました。ただし、ベストセラーやロングセラーになるほどの広範囲な人気ではなく、まだマニア的な人気の範疇に留（とど）まっていました。

モバイルバッテリーの進化が追い風に

こうしてサンコーは調達品の販売をしながら、オリジナル商品の開発も手がけるようになったわけですが、それらの多くは、ＵＳＢポートから電源をとるものでした。ところが、スマートフォンをコンセントがないところで充電するために、モバイルバッテリーがどんどん進化する時代がやってきました。

それ以前にも乾電池を使った緊急用の携帯電話充電器などは使われていましたし、モバイルバッテリーも販売されていましたが、容量は少なく高価で、寿命も短かった。ところが、より大容量で、より高電圧、寿命も向上したリチウムイオンバッテリーが安く手軽に入手できるような時代になったのです。

こうしたモバイルバッテリーの進化によって、それまでパソコン周辺機器と呼ばれていた商品から「パソコン周辺」という言葉がなくなったのです。パソコンのUSBポートから電源をとっていた周辺機器が、電源としてのパソコンを必要としなくなり、モバイルバッテリーで使えるようになりました。

これはパソコン周辺機器の存在を、根底から変える革命的な出来事でした。パソコン周辺機器は、主にパソコンユーザーが自宅や職場のパソコンまわりで使う電気製品でしたが、使用する場所の制限がなくなったことで、そのジャンルが一気に広がりました。それまでにも充電し持ち運んで使う商品はありましたが、この段階で一挙に全面展開の時代に入ったと考えています。

当然のことながら、サンコーとしては、これは時代的なチャンスが来たと考えました。ものすごい追い風が吹き始めたのです。

実際にサンコーの売り上げは右肩上がりで、じわじわと大きくなっていきました。創業三年目で年間総売り上げが四億円を超えてからも、その上昇は止まりませんでした。そしてその一〇年後となる二〇一六年には一〇億円を突破しました。

さらに言えば、一〇億円を突破してからの売り上げは飛躍的に伸びて、いまや四四億円を超えています。

ただし、二〇〇六年の五億円から、二〇一六年に一〇億円に達するまで、一〇年間かかっているのは、成長のペースが順調だったとは言い難いところがあります。停滞していたわけではありませんが、成長のペースがとても遅い。

その原因は、正直なところ、社長の私にありました。サンコーの社員は二〇人近くになり、それぞれが旺盛に職務を遂行して、次から次へと調達品を探し、毎週アイデアを出してはオリジナル商品を開発していました。しかし、リーダーたる私が、経営に不慣れだったために会社を成長させる手腕がなく、会社の明確なビジョンも打ち出せませんでした。とくに中長期的なビジョンを提示できなかったのは大きな痛手でした。

「サンコーは家電メーカーだ！」と打ち出せばよかったのでしょうが、当時の私は目先の現実に右往左往しているだけで、商社なのかメーカーなのか、パソコン周辺機器メーカーなのか家電メーカーなのか、サンコーのビジョンが明確でなくどっちつかずでした。そのためにUSB電源の商品と、家庭用コンセントを使う商品の、二つの路線を鮮明にしっかりと打ち出せなかったのです。

いま振り返ってみると、私自身も、すっきりとした気持ちで前進していたわけではありません。創業期から成長期へとステップアップできていたはずなのに、その自覚はあるけれど頭が働かないというか、やっぱり目の前の現実にあくせくと対応して、ひたすら業務に邁進し続けるので精一杯でした。何かが足りないのですが、その何かを現実として手につかんでいないというか、暗中模索というか、無我夢中というか。

会社の成長に追いつかない！

ようするに経営者の成長が、会社の成長に追いついていかないのです。

会社が新たな段階に入っているのに、経営者が新たな段階へと成長できていなかったので、ズレがありました。もちろん、この場合の経営者とは他ならぬ私自身です。もちろん、私は創業期を乗り切ったからと調子に乗って、仕事をサボって遊んでいたわけではありません。少し自信がついて、経験を重ねて度胸が据わってきたからか、倒産の恐怖に悩むことや回転資金の調達に押しつぶされそうになることはなくなりましたが、相変わらず会社の現場で陣頭指揮をとっていました。

しかし会社が徐々に大きくなって社員が増えている段階で、社長ひとりがトップに立つ文鎮型の組織運営のままでは、社長ひとりの都合で仕事が進んだり遅れたりするのは当然でした。私が商品企画ではない他のことで忙しいと、商品企画が大幅に遅れ始めるし、商品企画のなかでもひとつの商品開発に熱中していると他の商品の開発が遅れる。これでは組織の強みが発揮できないばかりか、社員全員のやる気がまとまらないでしょう。

しかも私はコミュニケーションが下手です。現場で共に働くことで社員を引っ張っていくことはできるのですが、口下手というかマネジメントが上手ではないのです。上手にマネジメントができるようになりたいと、自己トレーニングをしてチャレンジしていた時期もあったのですが、性格的に向いていないのか、自分でやった方が手っ取り早いと思うのか、どうにも上手になりませんでした。

それで仕事が混乱したり停滞したりするので困って、あるときからマネジメントを止めてしまい、担当者を決めて、すべての決定権を担当者に与えてみたのです。すると、これが上手くいきました。さまざまなプロジェクトの企画を議論して目標を決定し方向性を指示するのは社長である私の責任ですが、その執行にあたっては担当者にすべてまかせて実行してもらい、そして目標を達成したかどうかを判断する役割に私は徹したのです。すると個々のプロジェクトが生き生きと動き出し、次々と結果を出して利益を上げたのです。これは結果的に、私が私の失敗を認めて、組織を改革してサンコーの体質を改善したことになり、同時に私の社長としての第二の出発地点になりました。

自分で自分の失敗を認めるのは、いい気持ちにはなりませんが、しかしそれが現実ならば逃げることはできません。腹を決めて「人まかせのほったらかし経営」を私は始めました。するとめきめきと社員が育つのです。そればかりではなく私は、そこから再びビジネスパーソンとして成長することができたと思います。

二度と思い出したくないくらい苦い失敗

実は、社員との関係についてはとても手痛い経験をしています。

起業して一〇年目ぐらいのときでした。信頼していた社員に騙されて、全部で四〇〇〇万円ぐらい横領されてしまったことがありました。いまもその犯人は捕まっていません。

すっかり信用していた人でした。最初は学生アルバイトとして採用したのです。中国から日本の大学院に留学しているという、当時二七歳の若者でした。とてもよく働く人で、大変よく仕事ができました。アルバイトをしていたのは一年半ぐらいで、それから帰国するというので、それならば中国へ帰っても仕事のパートナーになってくれないか、とお願いしたのです。彼の父親が中国の深圳（しんせん）で会社を経営しているから、その深圳にサンコーとの合弁会社を設立しようということになり、彼と一緒に計画を立てました。この合弁会社で、中国での生産をまとめてコントロールし、日本への輸出拠点にしようという一大計画です。

合弁会社ですから、私が一〇〇〇万円出資して、彼も一〇〇〇万円出資で、合計二〇〇〇万円の資本の会社を立ち上げたはずだったのです。というのは、この合弁会社立ち上げのあたりからすでに計画的な詐欺が始まっていたようで、彼を信用していた私は会社の登記を確認していなかったのです。私が出した一〇〇〇万円の資本金がすべて横領されていたことを事件が発覚するまで知りませんでした。彼は会社を設立したように見せかけていたのです。

サンコーからは深圳駐在者を一人出して、現地社員も何人か雇い、合弁会社がスタートしました。私も毎月のように深圳へ行き、彼と二人で工場との打ち合わせに出かけたり、夜遅くまで新商品の開発計画について語り合ったりして、やる気十分で活動していました。それから五年間ぐらい、とてもうまく仕事が回っているように、私には見えていました。合弁会社の社員も増えて一〇人ほどに成長していました。なにしろ、彼をサンコーの次期社長にしようと考えていたぐらい信用していたのです。

その五年間、合弁会社は毎年度決算をして決算報告書を出していたのですが、私はざっくり見るくらいで精査していませんでした。粉飾決算されていたから、私が決算報告書を精査したぐらいでは、横領を見抜けなかったとは思います。しかしたしかに、ときどき中国の生産工場から私宛に支払いの催促が来たりして、「あれ、ヘンだな？」と思うことはあったのです。そうしたときに彼へ質問すると、ああ手違いがあったと素直に謝って説明してくれる。その他にも、彼の愛車がどんどん高級になっていきましたが、彼の父親は大富豪だと言っていたので、まさか横領しているとは思いません。実際には、サンコーから支払う金額に横領分が上乗せされていたのですが、粉飾が巧妙だったのか、まったく気がつきませんでした。

それで五年目のある日、サンコーの駐在員が朝に出社したら、合弁会社の社員は夜逃げしていました。誰一人いない。ちょうど新商品の生産がいくつか重なっていて三〇〇〇万円ほどの現金を前渡ししたタイミングでした。そのお金はすべて持ち逃げされ、合弁会社の社長だった彼はどこへ行ったかわからない。それから今日まで行方不明です。夜逃げ工作が完璧に行われていて、サンコー本社はもちろん、取り引き銀行も現地工場も大損害です。

大慌てで弁護士や会計士に調査してもらったのですが、合弁会社の社長が第三者になっていたりする巧妙な横領計画だったので、損害を回収できないから諦めるしかない、という結論でした。挙げ句の果てには探偵社に頼んで調べてもらうことまでやりました。

しかし結局は諦めて、賠償しなければならない損害を賠償して、ビジネスの再構築をするしかない最悪の幕引きになりました。

だけれども、怒りで腸(はらわた)が煮え繰り返るというのはこのことです。騙した人は逃げているので、怒りの矛先をどこに向けていいのかわかりません。ものすごい不眠に悩まされました。寝ようと思っても、ふつふつと怒りが沸騰してきて眠れないのです。ちゃんと管理していなかった自分が悪いと思ってみても、横領というのはあくまでも騙した人が悪いのであって、納得ができません。その怒りが収まるまでに一年以上が必要でした。

しかし、私の心の被害は、それで終わりませんでした。次に私が襲われたのは人間不信です。人が信じられなくなっていく。これはつらく苦しい心持ちでした。人間というのは、誰も信じられなくなると、孤独になって耐えられなくなります。人は人を信じないと生きていけません。

しかし、私は人間不信に陥ってしまいました。

私は、この精神的ダメージを克服するのにさらに一年以上かかりました。基本的にすべての人を信用して、悪人がいることを想定して、騙されないようにすればいいという、小学生や中学生の道徳と倫理に学ばなければなりませんでした。

この横領事件は、私の人生で最大のショックでした。いい勉強になったと思うようにしているのですが、それにしては精神的に、あまりにも大きすぎました。私の人間性そのものが揺らぐような事件でした。

第二期の入り口に達した二〇一五年

そして創業から一二年が過ぎたとき、とうとう第二の成長期の入り口に到達しました。年間総売り上げが一〇億円を突破しようとしていた二〇一五年でした。

このとき経営者の成長をふくめて全社的な足並みが揃ったと思いました。「サンコーは家電メーカーである!」と迷うことなく宣言できる陣容が揃ったと思えたのです。

週に二回は新商品を発売することをベースにして、すでに三〇〇〇種類の商品を手がけてきていました。もちろん、もはやサンコーの商品群は、パソコン周辺機器だけではありません。USB電源だけでもありません。独立した家電商品があり、家庭用コンセントを電源とする商品も増えていました。

「揃った」と言えば、二〇〇九年には直営の店舗を、秋葉原の大通りに移転し、それから六年後には二号店も秋葉原に開くことができました。

私は、この第二の成長期の陣容が揃うのを、待っていたのかと思いました。

日々の仕事を積み重ね、いくつかの大失敗も経験して、しかも横領事件にも引っ掛かり、それでも仕事を続けていくうちにつかみ取れる、現実としての第二の成長期を実現したかったのです。

私は全社員を鼓舞（こぶ）して目標へ向かって突撃するような、感情をベースにした会社の成長は望んではいませんでした。

やる気というのは、気合を入れたり情熱を燃やしたりすることではなく、日々の八時間をきっちりと働くことだと思っています。

そういう第二の成長期の陣容が揃いました。ここから年商が一〇億円から一五億円へ、一五億円から二〇億円へと、毎年五億円ほど積み上げていくペースで、総売り上げ増が実現していくのでした。

〈サンコーのユニークなアイデア商品〉
『USB CanCooler』(2021年) ¥4,480

電気の力で缶やペットボトルを保冷することができる、夏場のデスクまわりで活躍しそうなアイテム。魔法瓶や保冷剤のように時間が経つとぬるくなるというようなことがなく、モバイルバッテリーを使えば外でも使えるので、キャンプで冷たいビールを飲みたいときなどにも便利。直径66㎜までの市販のボトルであれば、一部の幅広缶を除いてほぼすべてのボトルに対応する。

第六章　第二の創業期へ

商品のアイデアをどのように生み出すか

サンコーの強みは、何といっても途切れずに湯水のように湧いてくる商品アイデアだと、ここまで読んでこられた読者のみなさんは思われたことでしょう。私も素直に、そう思っています。

もう少し正確に細かく言えば、「面白くて役に立つ商品のアイデアを次々に生み出して、それをどんどん商品化して、ばんばん売り切る力」です。当たり前のことを言うようですが、この基本路線を、一心に進めて拡大していけば、サンコー株式会社は順調に成長を続けられることになります。

とはいえ、そんなことは紙の上の理想論で、世の中はそんなに甘くはない、と賢人は忠告してくれます。アイデアはいつか涸れ、思ったようにモノは売れなくなる、と。しかし私たちサンコーが創業以来、積み重ねて成長してきた仕事は、この基本路線を忠実に実行して、しかもはみ出さないことだったとしか言い様がありません。ようするに、アイデアはいまも涸れず、次々と湧いているし、年間の総売り上げは、ほぼ右肩上がりで成長を続けているのです。

いま私たちが一年間に発売する商品群は、およそ一〇〇品目あります。ざっと計算すれば、毎週二個ずつ、絶え間なく新商品を発売しています。

もちろん商品ですから「売れるもの」と「売れないもの」があります。

すべての商品は、アイデア段階から検討を重ねて商品化しますので、これは売れるぞと思うところまで仕上げて、いままでのデータから製造する数量もきちんと割り出して発売するので、たいていは予定数を売り切ります。

短期間で売り切れてしまう商品もあれば、売り切るまでに数年間かかったり、値下げしなければならないこともあるのですが、それでもほぼすべてを売り切ります。面白くて役に立つというコンセプトで商品のアイデアを考えているから、「面白い」と「役に立つ」のどちらか、あるいは両方に魅力を感じてもらい、最終的にお客様に買っていただけます。確かに値下げすると、その商品の開発から販売までのプロジェクト全体では赤字になることもありますが、しかしその商品プロジェクト単体の赤字ですから、会社全体に影響をおよぼすような大きな焦げついた赤字にはなりません。

これもサンコーの強みのひとつです。サンコーの商品群は、一見、ギャンブル性が高そうに見えるかもしれませんが、実は丁寧にフォローをして、大負けしないように入念に販売戦略を組み立て、そして販売状況に応じて戦略を柔軟に変更しています。細かな目で、商品の売れ行きを漏れなく見つめて、最後の最後まで必ずフォローすることをやめません。赤字が出るのは仕方がない現実ですが、その赤字を最小限度に抑える努力は必ず実行しています。

そうなると、「どうしたら、そのような商品アイデアを途切れさせず、次から次へと面白くて役に立つ商品を生み出していけるか」という業務上のテーマが、とてつもなく大きくなります。しかも、継続していくのが難しそうだと思われるかもしれません。もちろん、簡単なことではありませんが、やってできないことではないと私は考えています。

面白くて役に立つ商品というのは、いい悪いは別にして、大手メーカーが手がけないような商品であったり、あるいは日本には輸入されていない商品ということになります。

それは、ネッククーラーシリーズのような純粋な発明品ばかりではありません。炊飯器を小型化して弁当箱スタイルにして、さらに短時間で炊飯できるようにした『おひとりさま用超高速弁当箱炊飯器』のような既存の商品と技術とを組み合わせて、新しい価値を生み出すために仕上げた商品も多くあります。

それらは、他にない商品ですから、たしかに「当たれば」大きな利益を生み出します。しかし、そのような発明をするのは並大抵の苦労ではありません。

サンコーのような小資本の企業は、発明のための資本や人材が常に不足しています。そもそも発明には偶然という要素が大きくからみます。運がいいとか悪いとか、タイミングが合うとか合わないとか、「発想と新技術と運」の三点セットが転がり込まないと実を結ばないので、そう簡単にできるものではありません。しかし大事なことは、決して諦めないこと。諦めたらサンコーは終わりです。いつも抜かりなくアイデアを探求して、発明の要素をひとつでも見つけたら、必ず飛びついて調査し、会議にかけて大勢の頭で考え、しっかりと検討しています。

組み合わせタイプにせよ、発明タイプにせよ、私たちサンコーの商品にとって、もっとも重要なことは、廉価であることです。それはつまりサンコーの商品を面白がってくださるお客様が、これは役に立つからと、楽しんで買ってくださる価格帯にあるかないか――。その廉価な価格帯とは、お気軽に現金もしくはクレジットカードでお買い求めいただける金額であって、ローンを組むような価格ではありません。そもそもサンコーにはローンを組むことを想定した商品はひとつもありません。

海外から輸入する商品をいかにして探し出すか

もう一方の、この広い地球のどこかで販売されているけれど、まだ日本のマーケットに輸入されていないようなものについても、おろそかにせず探求を継続しています。ただ、こういうものは、必ず日本仕様への改良が必要です。

サンコーの商品群のなかでその代表例を挙げるとしたら『自家製焼き鳥メーカー』になります。これは本格的な焼き鳥を、ご自宅のテーブルの上で焼き上げる調理家電ですが、これには原型がありました。

中国のあるメーカーが、アジア全域やアラビア語圏のマーケットへ向けて製造販売していた

『自家製焼き鳥メーカー』(2018年) ¥5,980

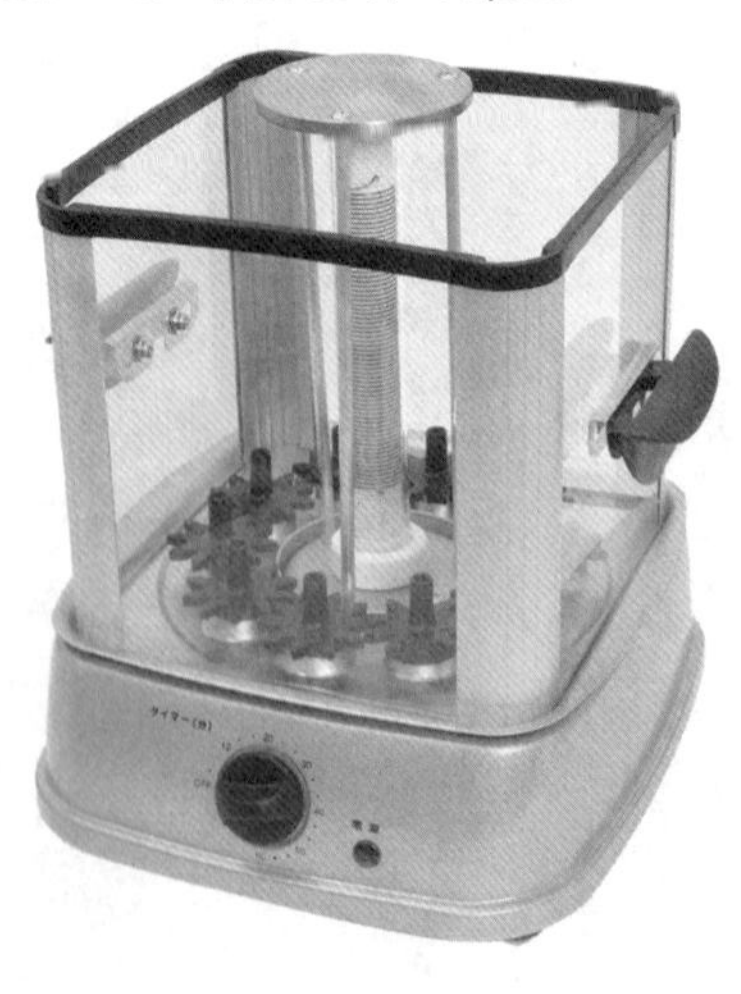

のです。それらの地域には肉を串に刺して、じっくりと焼き上げる伝統的な料理があり、インドネシアのサテとか中近東でのシシカバブという名前で日本でも知られています。そのアジア中近東的な串刺し肉料理を目の前で焼き上げる家電として、この『自家製焼き鳥メーカー』の原型がありました。

その原型となる商品を発見したのはサンコーの社員のひとりでしたが、日本人であれば誰が見ても、これは卓上焼き鳥製造機にしか見えないシロモノでした。

日本人の焼き鳥的な料理の意識と、この原型になったアジア中近東的な串刺し肉料理の意識との間にある大きな共通点は、肉を焼くプロセスを目で見て楽しむというところでした。世界には実に多様なレストランがありますが、そのなかに料理を作っているところを見せてお客様を楽しませるというスタイルがあります。レストランのテーブルやカウンターに座っているお客様の目の前で、鮨を握り、天ぷらを揚げ、ピザ窯でピザを焼くとか、中華鍋で炒めるとか、店先でケバブを焼くとか、窯でナンを焼く、そのような料理です。

これは、お客様の前に食材を並べ、目の前で料理することで、食欲を刺激して食べる楽しみをさらに盛り上げるものだといえます。

そういった料理のスタイルをご自宅で実現するのが、この『自家製焼き鳥メーカー』ですが、しかし原型とはちょっと違うところがあります。

使ってみるとわかるのですが、原型の方は、肉を焼き始めるとダイナミックに肉汁がタレて、それがコゲるので、煙がもうもうと立ちます。肉を焼くというシーンが、ワイルドに展開されるのです。肉を食べるぞ、という人の気持ちの野性的な部分をしっかりと刺激してきて、このところが原型の開発コンセプトそのものではないかと思いました。ワイルドに肉汁をタラして視覚を刺激し、ジュウジュウと音を立て、煙を出しながら聴覚、さらには嗅覚まで刺激する、というようなコンセプトです。

しかし、日本人が焼き鳥に求めるワイルドさは、ここまでいかないだろうと私は思いました。肉汁をしたたらせ、煙を立てるバーベキュー的な醍醐(だいご)味は必要ですが、もうちょっと控えめのほどほどな感じがベストではないか。具体的に指摘すれば、煙が立ち過ぎます。あまり肉汁でどろどろせず、煙が少ない方が日本人好みだと思いました。ワイルドであることは魅力のひとつですが、ワイルドすぎるという、程度の問題がありました。

この〝程度の問題〟を解決するためには、原型品を改良して、日本人好みにするしかありません。それも根本的な改良ではなく、小さな改良で何とかしたい。大きな改良は商品の作り直しに等しいから、製造コストが高くなって廉価な商品にならないからです。

しかし、この小さな改良が、大きな困難になることがあります。小さな改良のアイデアは、斬新な商品アイデアを思いつくのと同じぐらい大変なことになりかねません。

そのような困難な仕事を乗り越えて前進していく、パワフルで効率的なフォーメーションを、サンコーは『自家製焼き鳥メーカー』を開発する頃から手に入れていました。

それは全員で発想し、全員で考えるフォーメーションです。小さなメーカーにできて、大きなメーカーにできないことは、全社一丸となって全員で考えるフォーメーションでしょう。

その結果、タレる油や肉汁がヒーターで加熱され焦げることがないように、ヒーターの位置を変更し、また肉汁や油を受け止めるトレーを改良するアイデアが生まれました。この改良で煙はほとんど出なくなり、またトレーを外して洗えるようにしたので、使用後のお手入れも楽になりました。

魅力的なアイテムを生み出し続ける仕組み

次から次へと商品アイデアを生み出し、次から次へと調達品を探し続け、それらのアイデアや商品を吟味して、サンコーのアイテムを生み出していく仕組みが欲しかった。

そのためには、どのような会社運営にすればいいのか、私は考え続けてトライし、失敗と成功を繰り返してきました。

何万人もの社員がいる大企業ならば、商品のアイデアを生み出す企画部門を充実させたり、あるいは外部に業務委託をしたり、という施策になるのでしょうが、社員数十人の規模で、いまでこそ五〇人を超えて大きくなったと言っているような小さなサンコーでは、そのような施策が有効なはずがありません。

そもそも、複数の部門を独立させて機能させるには人員が足りません。これは企画部門にかぎらず、一つの部門に二人とか三人しか人員を配置できないのです。その二、三人に、すべての企画、アイデアを全部まかせるわけにはいきません。二人か三人でアイデア商品を年間一〇〇点も商品化する仕事はできません。やってみるまでもなく、たった一週間でオーバーフローすることは確実です。

第一、もしそんなことができるレオナルド・ダ・ビンチのような天才がいたとしても、小さなサンコーは当然として、ホンダとかソニーといった大企業であったとしても、レオナルド・

ダ・ビンチが会社員をやっている姿は考えられません。そのような天才は組織から独立してひとりで自由になって仕事をするしかない。

結局、私が、経験上というか、ごく自然にたどりついた方法論は、会社全体でアイデアを考えることでした。すでに書きましたが、サンコーでは全社員、それこそアルバイトまで、全員が毎週一回必ず、社内ネットの掲示板に「商品アイデア」と「困ったこと」を書き込む業務があります。その商品アイデアが実現しようがしまいが、それは関係ありません。空想であっても、絵に描いたモチでも、新商品と困ったことを解決するアイデアならばなんでもいい。思いつきでもいいのです。誰かが思いついたことを、次の誰かがアイデアへと成長させることができるかもしれない。

サンコーの社員にとって大切なことは、仕事をしているときは、いつも絶えずアイデアを求めて頭を働かせていることです。頭で考えるだけではなく、町を歩き通りをめぐって自分の目で確かめたり、現実と現場と現物を求めて自分の足で歩いて見て聞いて触って経験し、アイデアを得ていく行動が大切です。

ようするにアイデアを次から次へ出し続け連続的に商品化し販売していくという、とてつもなく難しい限度いっぱいの仕事だから、それは全員でやらなければできないという話です。とうてい二人や三人の専任ではできません。

この制度は同時にサンコーという会社の、強烈な個性を生み出しています。サンコーとは、どういう会社ですか？　と質問された場合に、全社員が毎週必ず商品アイデアを出している家電メーカー、とひと言で答えることができます。

そして、もうひとつ、忘れてはならない大切なことがあります。それは「全体がうまくまわる」こと。私が強調したいのは「まわす」ではなく、「まわる」ことだという点です。

社長というトップマネジメント役としては、会社の組織を「まわす」仕事をするべきで、それはそれで熱心にやっているつもりですが、会社経営をしていると「全体がうまくまわる」ときがあります。そのときを逃さないことが実に重要だと考えていて、チャンスを見逃さないように常に注意しています。めったにあることではないのですが、ごくたまに、そういうときがあるのです。そのチャンスをがっちりつかむと「まわる」が「まわす」を可能にして成長への展開が可能になります。

広報部長の重要な仕事とは

何度か書いているように、サンコーは年間総売り上げが五億円から一〇億円になるまで、およそ一〇年もかかってしまった時期があります。成長はしていましたが、そのスピードが遅い時期でした。それはもっぱら社長たる私の先見性とリーダーシップが足りなかったからなのですが、それなりに売り上げが伸びていたから、人員が少しずつ増えていたのです。

その成長スピードが遅かった時期の二〇一五年に、塔晋介さんが中途入社してきました。元は輸入家電メーカーの営業部門で働いていた方です。社員が二〇人ほどの時代で、アルバイトから社員になった人と中途入社の人ばかりでした。（いまもサンコーには、学校を卒業して初めて就職したのがサンコーだったという新入社員がひとりもいません）

サンコーは、総務や財務部門を除くと、個人のお客様へ製造販売するBtoC（＝ビジネス・トゥ・コンシューマー）の部門と、法人への販売や量販店への卸売りをするBtoB（＝ビジネス・トゥ・ビジネス）部門があります。塔さんはBtoC部門で働き始めて、やがて広報の仕事を専任するようになりました。

広報はすなわちPR部門で、パブリック・リレーションだから、社会と良好な関係を作る部門です。しかしサンコーの場合は、大企業の広報のように決算発表などありませんし、記者会見対応や危機管理といった業務もめったにありませんから、商品をメディアで紹介してもらう広報活動が中心になります。報道発表資料であるプレスリリースを作って各種個々の新聞社や雑誌社、ウェブサイトの運営会社などへお届けして記事にしてもらったり、テレビやラジオの番組で紹介してもらったり、取材の受け付け対応をして社内調整をするといった業務です。PRというよりは、販売促進とか宣伝広告に近い広報活動だと言えるでしょう。

この広報活動は、サンコーにとって独自のビジネスモデルに組み込まれた重要な仕事です。

創業以来サンコーは、商品を販売するときにプレスリリースを広範囲のメディアへお届けして、大小の記事で取り上げてもらい、メディアで情報を得たお客様が自社ホームページへと来てくださって、商品を通信販売で買ってもらう、というビジネスモデルが中核にあります。宣伝広告についても、自社のホームページで宣伝するだけで、新聞や雑誌、ラジオやテレビの放送を使った有料の宣伝広告をしたことがありません。そのため、広報活動はとても重要です。

しかも、自社のホームページも、すべて自分たちで制作します。キャッチコピーや説明文を考えたり、イメージ写真を撮影したり、商品を説明する動画を撮影したり、すべて自前でやります。写真や動画の出演者も、プロのアナウンサーやモデルではなく、一部の商品を除いて社員が自ら出演しています。

将来的にラインナップの幅が広がれば、商品によっては広告代理店へ依頼し、大きなメディアでの宣伝広告活動を行う必要があるかもしれませんが、いまのところの品揃えでは、自前の宣伝広告で十分に効果が得られています。ちなみに二〇一八年からは、サンコーのブランド大使というか伝道者としてのアンバサダーを、元外交官でタレントのオスマン・サンコンさんにお願いしていますから、宣伝広告もメジャー展開をしないと決めているわけではないのです。

サンコーのパブリックリレーションを支える

そうした広報活動を主軸とする確固としたビジネスモデルがあるので、サンコーは広報活動に人一倍熱心です。その活動を塔さんが専任で引き受けてくれました。

塔さんは適任でした。人当たりが良く、周囲の状況や話の流れを把握していて、必要なことを必要なときに、うまい言葉で話すことができます。メディアの取材に応じるときは「広報部長エッキー」というキャラクターをみずから演じて、エプロン姿になります。エプロンには「ekky」とキャラクター名が書いてあり、ときには愛嬌をふりまくために蝶ネクタイをつけたりします。名刺の肩書は広報部長になっていますが、サンコーには正式には広報部という部署はありません。塔さんは広報専任で、部下が一人ついたばかりなので、部長と言えば部長なのかもしれませんが、これまたキャラクター名にすぎないのです。

塔さんが適任だなと思う大きな理由は、メディアの取材に応じて雑誌やテレビに出演して顔が売れても、勘違いして調子に乗らないところです。サンコーの商品を売り込む目的で出演しているという客観的な状況認識が絶対にブレず、ウケているのは商品であって自分ではない、ということがわかっているのです。それは性格によるものではなく、会社的論理的な冷やっこい認識であって、自分がやっている職務をよくわかっているから冷静でいられる。こういう仕事ぶりの塔さんが広報の専任になってくれたので、ＰＲ活動が効率よく円滑にまわるようになったのです。これは会社としての大きな成長になりました。

というのは、塔さんが入社するまでは、私が社長兼業で広報活動を行っていたので、片手間ということもあって、うまくまわっているとは言い難かった。そもそも私は人前に出て何かやることが、どちらかといえば苦手でした。人当たりは悪くないつもりですが、かといって良くもなく、表情の変化がとぼしいので無口な人だと思われがちです。ようするに広報係に向いているタイプではない。私が広報関係で良い仕事をしたと思うのは、塔さんを広報専任にしたことです。この人事は当たりでした。だから広報活動が円滑に動いているいま、塔さんに期待するのは、次世代の広報専任をまかせられる人材を見つけ、育てることです。これができれば塔さんは広報専任を卒業して、新たな職務にチャレンジできる可能性が見えるはずです。

テレビ番組での露出が増加

こうして広報活動が円滑に動き出していった時期に、テレビ番組のディレクターや放送作家たちがサンコーの商品に興味を持ち始めてくれました。二〇一七年以降のことです。テレビの情報番組やバラエティ番組で、サンコーの商品を取り上げて紹介してくれることが格段に多くなりました。

その時代はサンコーの商品が、いわゆるパソコン周辺機器群から家電分野へと拡大しつつある時期でしたから、パソコンユーザーばかりではなく、一般の方々にも人気が少しずつ広がり始めていました。

そのような人気の盛り上がりに、テレビ番組を作る人たちは敏感です。うちわを取り付けると自動的にあおいでくれる『USB電動静音うちわ』（発売時の価格：五九八〇円）の姿とカタチはテレビのディレクターたちに大ウケでした。殺伐とするオフィスのデスク上とか、ひとり暮らしの殺風景な部屋の片隅で、ユニークかつユーモラスなスタイルで、ちょうどいい心地よい風を送ってくれる、文字通りの扇風機です。

あるいは焼き鳥がメリーゴーランドのように回転しながら、焼き上がる『自家製焼き鳥メーカー』も、テレビの制作者たちに人気がありました。

やっぱり、いままで見たことがない動きをする家電で、見た人に与えるインパクトが大きいからでしょう。なにしろ誰が見ても、ふと微笑みたくなる、ユーモアというかウイットがあるビジュアルなのです。

すでに何度も書いていますが、これらのサンコー商品は、お客様を笑わせたりウケを狙う目的で開発した商品ではありません。話のネタではなく、あくまでも実用家電です。私は面白くて役に立つ、と口では言いますが、実は「役に立つ」の方が最初にある。家電商品なのだから「役に立つ」、そして「面白い」という順番です。これが「役に立たない」けれど「面白い」と

『USB電動静音うちわ』(2016年) ¥5,980

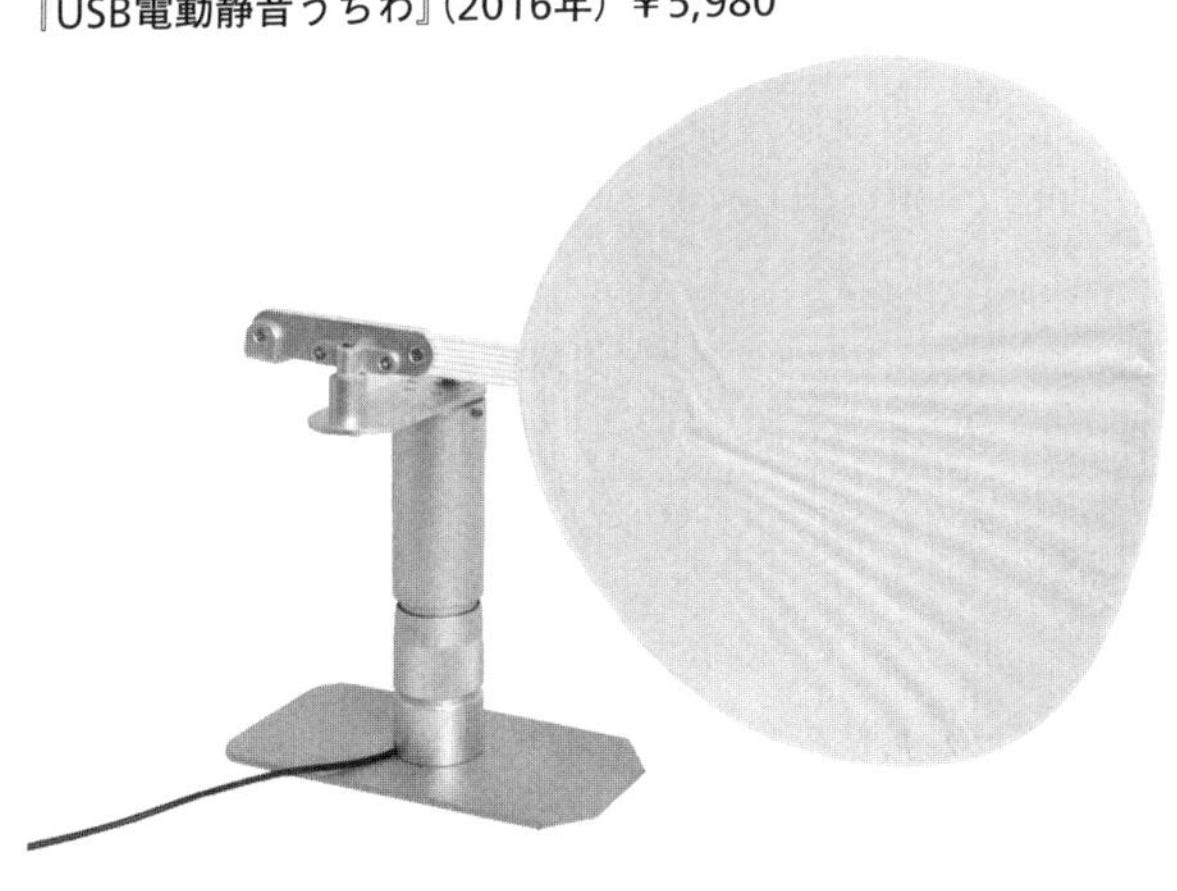

なったら、それは家電ではなく、絵とか彫刻とか飾り物のアート商品に分類されるべきものです。

そういう「役に立つ」ことが先にある商品ばかりなので、テレビ番組のネタになりやすかったのでしょう。最初に商品を見せて、いったい何だろうと疑問をもたせたり、カタチで脅かしたり、ヘンなものだと思わせておいて、実は「役に立つ」家電なのだというタネあかしができるので、テレビのバラエティ番組に向いていたのです。そもそもサンコー商品は、商品そのものとその商品名に、ボケとツッコミとオチが、三つセットでついているから、テレビ的といったら、これほどテレビ的な商品はありません。

したがって、一度テレビで人気が出始めると、日本全国あちこちのテレビ局の番組ディレクターから取材の申し込みがあり、ニュース番組からバラエティ情報番組まで、ありとあらゆる番組で取り上げていただきました。

さすがにテレビの効果は大きく、番組で紹介されると、ありがたいことにその放送直後から紹介された商品がドーンと売れます。まるでテレビショッピングみたいなビジネスが経験できました。

こうした経験を積み重ねていくうちに、思わぬ効果が出たことがあります。商品がドーンと売れるだけでなく、欲しいと思っていた人材が飛び込んできたのです。見事なリクルーティング効果がありました。ようするに「うまくまわった」のです。それは二〇一八年五月に放送された『タモリ倶楽部』でした。

『タモリ倶楽部』がサンコーにやってきた

『タモリ倶楽部』は今年で放送開始から四〇年になるという長寿番組です。テレビ朝日系列の全国放送で、首都圏では金曜日の深夜帯三〇分番組です。

日本全国に根強いファンがいることが、番組が四〇年も続いてきた理由でしょう。実は私もこの番組が好きで、録画予約しているというほどではありませんが、目につけば必ず観ます。この番組の伝統コーナー「空耳アワー」は文句なく面白いと思うし、こういう笑いのセンスは私も大好きです。

その『タモリ倶楽部』が、サンコーレアモノショップを全面的に取り上げてくれたのです。秋葉原の直営店舗に、『タモリ倶楽部』のロケ隊がやってきました。

出演者はタモリさんをはじめとして、俳優のマギーさん、ミュージシャンのレキシさん、アイドルグループでんぱ組.ｉｎｃ（当時）の夢眠ねむさんという、マニアが喜びそうな濃い感じのみなさんでした。商品の説明役はサンコーの広報担当の塔さんです。

この番組は、実に面白い構成がなされていて、過去に発売した数あるサンコー商品のなかからユニークな二つの商品を選び、どっちが売れたかを当てるというクイズ形式でした。この商品選びと、何と何を対戦させるかという選択が、とても『タモリ倶楽部』らしいものでした。

一見、奇妙でふざけた設問のように見えるのですが、ちゃんと真面目に考えられていて、どっちが売れたのか、誰もすぐに判断がつかないような、考えさせるクイズになっているのでした。番組全体としては、『タモリ倶楽部』らしい人を喰ったようなユーモアのあるセンスに貫かれているのですが、真剣に真面目に企画構成されているのです。

このセンスは、サンコーの商品と共通点があると思いました。何度も繰り返し書いているように、私たちサンコーの商品は、話のネタになる面白いアイテムであることは事実ですが、それだけではなく必ず役に立ちます。役に立つというところは、とても真剣に考えています。

面白いモノというのは、ヘラヘラ笑っていては考えられないもので、真剣に取り組まないと、現実の面白い商品に仕上げることができません。落とし噺をしている落語家やコントを演じているコメディアンの目が、決して笑っていないのと同じです。

このときの『タモリ倶楽部』の構成と演出は、いつものとおり、見事によく考えられ、練られたものでした。サンコー商品を取り上げていただいたテレビ番組はいつも分析的に観るようにしていて、どんな番組でも、その番組らしく考えられていると感心するのですが、『タモリ倶楽部』の番組のセンスというかリズムというか「ノリ」は、さすがに長寿番組だと言いたくなるぐらい、面白く真面目にできていました。『タモリ倶楽部』の長きにわたる人気は、その「面白いことを生真面目に構成して演出するノリ」にあると思っています。この「ノリ」というのは、言葉による説明が難しいものですが、哲学や思想に等しいものではないでしょうか。サンコーにはサンコーのノリがあり、そのノリを好んでいただけるお客様がサンコーの顧客になってくださる。ノリは固定ファンというか顧客というか常連のお客様をもたらしてくれるので、ひとつの世界観だと言えます。

さて、『タモリ倶楽部』は番組の冒頭で、サンコーレアモノショップを説明するために見せた商品が『アイロンいら〜ず』と『ぱっと変身!どこでも座れるリュックtall』でした。

第一章で紹介したように『アイロンいら〜ず』は、洗濯したシャツを人間の上半身のカタチ

『ぱっと変身! どこでも座れるリュック tall』(2018年) ¥7,980

をしたエアバッグに着せて、乾燥とシワ伸ばしを同時にしてしまう高機能商品ですが、『アイロンいら〜ず』が働いている姿は未来志向のモダンアートのオブジェみたいで意表をつくものです。

一方の『ぱっと変身!どこでも座れるリュック tall』は文字通りリュックに折り畳み椅子が仕込んである、猛烈にストレートな発想の実用品です。あまりにも単純な発想を実現したというところが生真面目なのです。

これらの商品を、サンコーレアモノショップの説明に選ぶセンスが、まことに『タモリ倶楽部』のノリなのです。視聴者を面白がらせて、かつサンコーのノリを説明してしまい、『タモリ倶楽部』のノリに取り込んでしまう、ハイセンスな選択でした。

どっちがザンネンだったでSHOW!!

番組の本体はクイズ型式の構成です。サンコーの商品には、発売早々に売り切れになった人気商品と、そうではない「販売数が伸び悩んだザンネンな商品」があるので、二つの商品を見せて説明し、「クイズ！　どっちがザンネンだったでSHOW!!」というわけです。進行役のマギーさんが出題して、タモリさん、ゲストのレキシさんと夢眠ねむさんの三人が答えていく展開ですが、この二つの商品選びのセンスも絶妙でした。

第一回戦は『USB電動静音うちわ』（五九八〇円）vs.『USBあったかオニギリウォーマー』（一五八〇円）です。うちわを電動で動かす、ありそうでない、見ただけで面白い商品と、冷たくなったおにぎりをUSB電源で温める実用一本槍の商品の対戦でした。

この対戦は、面白い商品好きであれば「ものすごく面白く他に絶対ない商品」vs.「面白さが足りず類似商品がありそうな強力な実用品」の対戦だと考えて、より面白い方である『USB電動静音うちわ』が売れただろうと予想したくなるでしょう。実用品好きであれば、まったく疑問の余地なく『USBあったかオニギリウォーマー』が売れたと思うはずです。このあたりの心理的な動きが、まことに面白い。

正解は、実際によく売れた『USBあったかオニギリウォーマー』です。その正解に、面白商品好きは夢がないと嘆き、実用品好きは合理的精神こそが正しいと思う。このクイズは、豊

『USBあったかオニギリウォーマー』(2014年) ¥1,580

富な知識や鋭い勘を競うようなものではなく、個人の哲学や好みといったものを面白がるものでした。それは私たちサンコーの商品企画者が、人びとの生活のどういうところに目をつけて、苦心惨憺の末に商品を開発し、いかにしてウケと説明を兼ねた商品ネーミングを考えたかを見抜いて、クイズにしているものでした。

実際問題、『ＵＳＢ電動静音うちわ』は失敗した商品でした。アイデアとセンスは抜群に面白いのですが、涼風の量が少ないので実用度が足りませんでした。また、うちわを動かす機構を洗練できなかったので、最大風量にするとうるさくはないのですが、ガチャガチャと雑音を立てて耳障りなのです。ようするに実用性が低い、アイデア倒れの商品でした。

『USB花粉ブロッカー』(2014年)
¥4,230

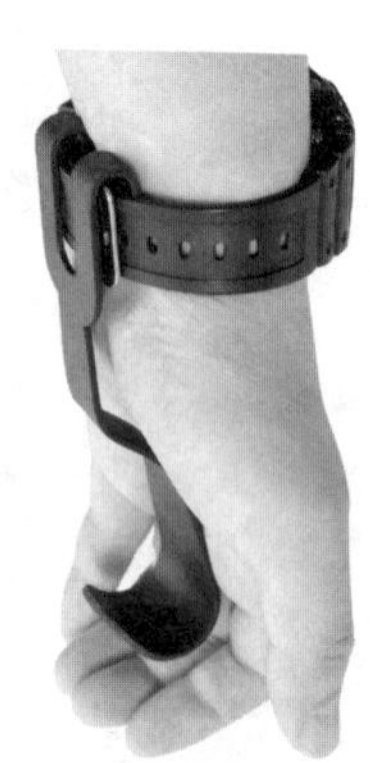

『スーパーマジ軽フック』(2014年)
¥1,000

よく売れたUSB花粉ブロッカー

第二回戦は、腕時計のバンドにフックを引っ掛けてカバンや買い物袋などを下げ、手で持たなくても携行できる『スーパーマジ軽フック』(一〇〇〇円)と、消防士スタイルというか宇宙飛行士スタイルというか頭からすっぽりとかぶる、ちょっと大袈裟なスタイルの『USB花粉ブロッカー』(四二三〇円)の対戦で、これは『USB花粉ブロッカー』の方がよく売れました。コンパクトではなく、見た目感染防止のための防護服のようなカタチではありますが、花粉をブロックする機能が絶大で、その意味では立派な実用品だったからです。これをかぶって街中を歩くには勇気が必要だったかもしれませんが、花粉が飛び散る野山での作業には便利に使われていると聞きました。

一方の『スーパーマジ軽フック』は最低限の役に

立つのですが、装着の方法を考えないと手首が痛くなりかねない、誰にでもすごく便利とは言い難いところがありました。そもそも頑丈な腕時計をしていないと使えない商品でもあります。また、高価な腕時計に装着するのは抵抗があります。アイデアは面白いのですが、機能性がついていかない商品でした。

第三回戦は、大型スマホの画面を片手で操作しやすくするために親指につける『親指型スタイラス指のび〜る』（五八〇円）と、スマホへの着信を腕時計のバンドにつけた超小型バイブレーターが振動で教えてくれる通知連動デバイス『ウォッチブル』（二九八〇円）の対戦でした。これは徹底的な実用品の『ウォッチブル』がよく売れました。『親指型スタイラス指のび〜る』も実用品なのですが、親指につけると奇妙な印象を与えるので、ウケ狙いだけの商品に見えてしまうところがあったようです。

第四回戦は、『うつぶせ寝クッション』（四九八〇円）vs.『お風呂でもちょっと持って手！』（二四八〇円）。うつぶせ寝してもスマホを見たり書籍が読めたりするクッションと、お風呂で使う浮き輪型マクラ付き防水スマホケースの対戦で、これは『うつぶせ寝クッション』がよく売れました。お風呂でスマホを使う人たちより、ごろりと楽に寝転んでテレビを観たり書籍を読んだりすることを好む人たちが多かったからでしょう。『お風呂でもちょっと持って手！』は大袈裟すぎるところがウケ狙いだったのですが、やや大袈裟すぎたかもしれません。

『親指型スタイラス 指のび～る』（2014年）￥580

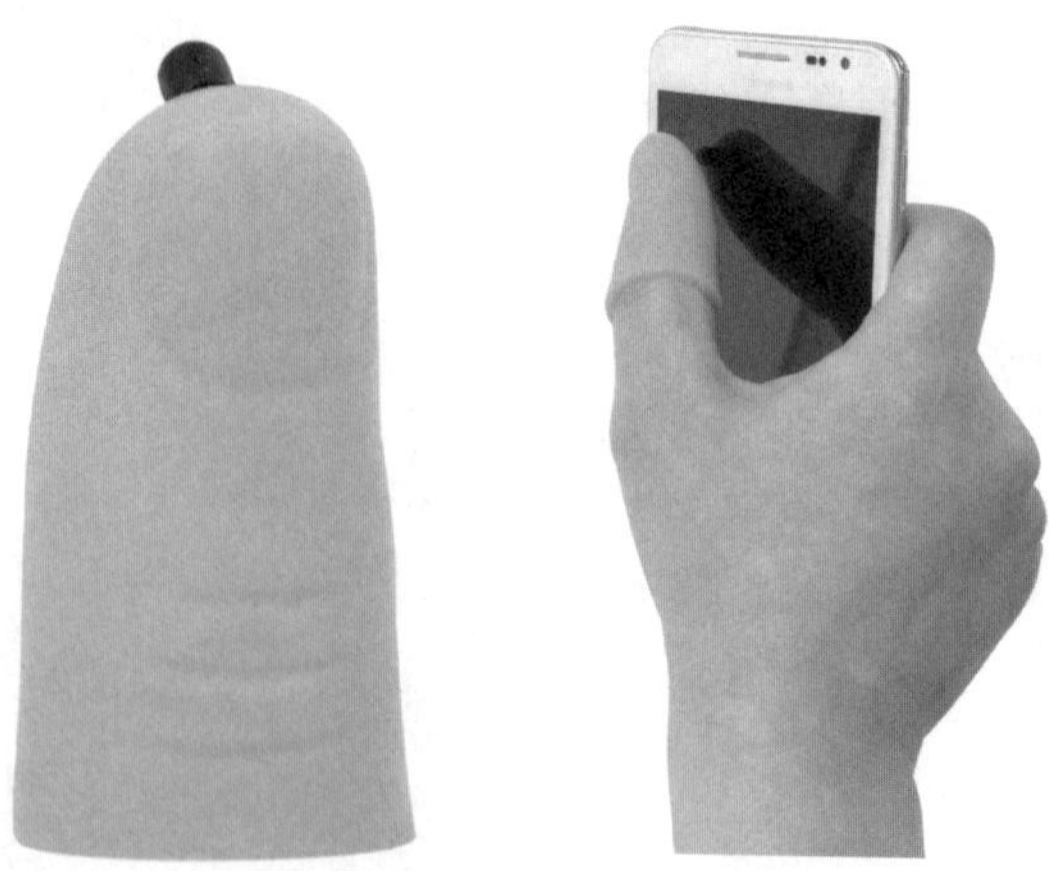

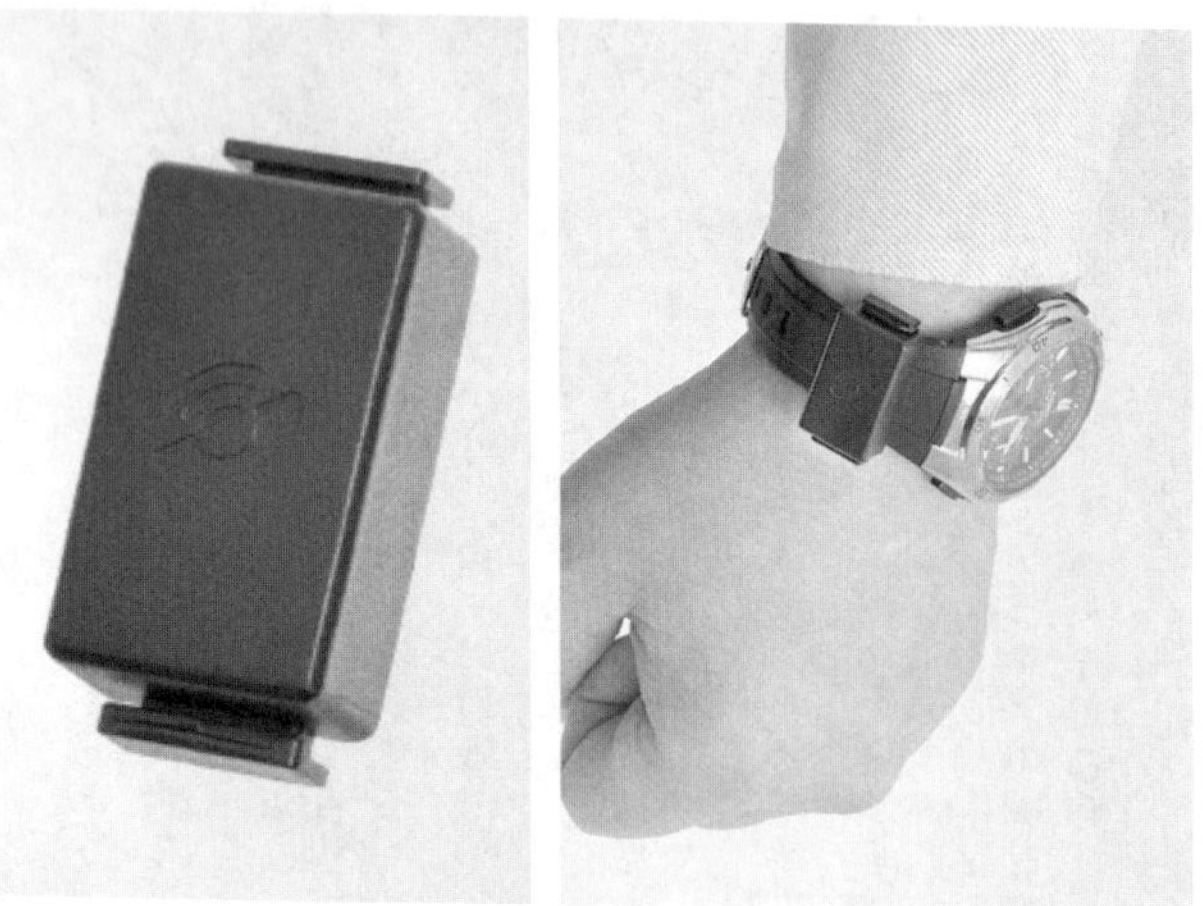

『ウォッチブル』（2017年）￥2,980

このような『タモリ倶楽部』の三〇分番組が放送されました。番組が面白かったのはもちろんですが、私としてはサンコー商品を考え出す私たちの苦労をクイズにしてくれたところがうれしかった。取り上げていただいた商品はすべて、アイデアの狙いやネーミング、利便性と機能、使い方や価格などが、しっかりと考えられているので、チャンスがあればどれもがヒット商品になる潜在力をもっているから、クイズになり得るのです。どっちが売れたのだろうと、人に考えさせてしまうのです。こういう私たちの苦労、すなわち面白いことを大真面目にやる大変さをわかってくれる人たちが、『タモリ倶楽部』の制作スタッフのなかにいると私には思えました。そのことがとてもうれしかったのです。

番組が放送された翌日から、商品の注文や問い合わせが殺到したのは、テレビ番組でサンコー商品が紹介された後に起こる、いつものありがたい現象でした。しかし『タモリ倶楽部』放送後には、いままでになかった反応が起こったのです。

サンコーで働きたいという技術者が、求人に応じてきたのでした。人材を求めているサンコーは、いつでも自社のホームページで求人案内を掲載していますが、商品開発ができる技術者となると、そういう人材がそもそも少ないこともあって、求人に応じてくれる人は多くありません。それが『タモリ倶楽部』の放送直後に、二人の技術者が求人に応じてきたのです。

おそらく『タモリ倶楽部』の番組内容に、サンコーで働いてみたいという技術者たちの心を

『うつぶせ寝クッション』(2015年) ¥4,980

『お風呂でもちょっと持って手!』(2015年) ¥2,480

くすぐるものがあったのだと思います。あるいは、この番組のファンには、サンコーのノリを好む一風変わった人たちが多いのかもしれません。

『タモリ倶楽部』を見て入社した技術者

二〇一八年（平成三〇年）に放送した『タモリ倶楽部』を観て、サンコーの一員になった技術者のひとりが新村孝司さんです。そのとき新村さんは五〇歳でした。

「おもちゃメーカーで開発をやっていたのです」と、面接のときに新村さんは言いました。ラジオコントロールカーの専門メーカーで、企画から設計、開発、テスト、製造管理まで担当していたそうです。そのラジコンカーは、さまざまな種類のプラスチック部品とアルミや鉄の金属部品を組み立てて、バッテリーと電動モーターを搭載し、無線操縦のコントロールで動く、趣味のマニアのための電動商品です。

新村さんは、ＣＡＤ（Computer-Aided Design）やＣＡＭ（Computer-Aided Manufacturing）といったコンピュータによる設計製造支援技術を使う世代のエンジニアに属しますが、設計開発のキャリアが長いので、昔の職人的な町工場の時代も肌で知っています。モノづくりの現代史のなかで働いてきた、技術者としての基礎的な考え方と小さなメーカーでの開発業務経験を持つ人です。この新村さんの、ベテランならではのキャリアは、技術産業の現場を知らない若い社員が多いサンコーの弱みを補うことが期待でき、もちろん商品企画と開発の即戦力になる得ると思いました。

もうひとりの尾崎祥悟（おざきしょうご）さんは二七歳でした。工業デザイナーとして化粧品の容器などをデザインしていましたが、商品企画から開発までをやりたいと考えて、サンコーの求人に応じたそうです。それまでのサンコーには工業デザイナーのキャリアをもつ人材がひとりもいなかったので、尾崎さんは必要な人材であることは間違いなかったのですが、私が期待したことはもうひとつありました。それは尾崎さんがデザインをしていた化粧品の容器が、おもに女性向け商品だったことです。

実はサンコーは商品開発をするとき、女性の視点で発想していくことに慣れていませんでした。秋葉原発のパソコン周辺機器商社として起業し、ようやく家電メーカーになったばかりでしたから、男性顧客の比重がとても高かったのです。秋葉原といえば「オタクの町」であり、オタク＝男が通り相場でしたから、パソコン周辺機器もまた男性向け商品としか考えられていません。したがってサンコーで商品を企画するとき、商品にジェンダーはないと考えたいところなのですが、女性のお客様の視点に立つことが、どうしても苦手でした。

この苦手を克服するには、ごく自然にジェンダーレスのデザインができる人材がいればいいと私は考えていました。尾崎さんと面接したとき、やはり若いデザイナーらしいジェンダーレスのデザインセンスというか、インクルーシブなセンスを感じたので、即戦力となってサンコー商品の近未来を開拓してほしいと思いました。

ただし、ここでも確認しておきたいことは、サンコーが人材を求めるときは学歴もキャリアも国籍も人種も、すべて不問であることです。もちろん、このときの新村さんと尾崎さんのように、こういう技能やキャリアを持った人材が欲しいというピンポイントの求人要素はあるにせよ、最終的な人選の判断基準は、サンコーに向いているか向いていないかです。

現時点のサンコーでは、どのようにすぐれた能力やキャリアがあろうとも、サンコーのノリに合っていない人は、この会社で働くことが苦痛になってしまうと思います。

面白いアイデアに真面目に取り組んで商品化するということは、誰のどのようなアイデアでも、自分のこととして受け止めて、その真髄を見逃さずに育てて商品にすることです。「これは私のアイデアだから他人に渡さない」とか「これは他人のアイデアだから私は考えない」というようなことができない仕組みになっています。アルバイトをふくめて全社員が毎週、一つアイデアを出さなければならないルールがあるように、全員で考えて、各部署で実行していく会社です。

そういう仕事ができる人が、いまのサンコーには必要で、そのような人であるかないかを判断するのは、いまのところ私しかいません。もちろん私は人一倍、他者の意見に耳を傾ける者でありたいと自分を自分で鍛えているつもりですが、それでも最終的な判断をするのは社長の私です。私は、人を見る目がある人格者ではありませんが、サンコーのノリに合った人かどうかはわかると思っています。それを証明するように、いままで私が面接して採用した社員の離職率は、ほぼゼロです。

というわけで、『タモリ倶楽部』はサンコー商品の本質を見事に表現してくれて絶大なるPR効果をもたらしてくれたばかりか、リクルーティングにまで効果があったという結果になりました。このときも家電メーカーへと成長を始めたばかりのサンコーが「うまくまわった」のです。

開発力が大きく向上

こうしてサンコーの開発力は厚みを増しました。

現在まで発売したアイデア商品は四六〇〇点ほどあるので、小さな会社ながら、アイデアが豊富であり、そのアイデアを商品化していく実行力があったと、自己評価していますが、その底力のようなフォーメーションに厚みがついて、パフォーマンスが増したのです。

創業年の総売り上げ九〇〇〇万円から、それが一〇億円を超えるあたりまで、サンコーのビジネスモデルはとてもシンプルだったと言っていいと思います。まだ商社的なビジネスが中心だったので、おもにパソコン周辺機器のアイデア商品を探しては買いつけて、まずは買いつけた分だけしっかりと販売していく。商品が売り切れそうになると、その商品の販売を継続するかしないかを判断する。もっと売れると判断すれば、注文残の量より多く買いつけ、販売を継続する。もう売れないと判断すれば、注文残の量だけ買いつけて注文に応じて販売し、売り切れ商品にする。粗利計算も販売管理も在庫管理も、わかりやすいと言えば、実にわかりやすいビジネスで、単純と言えば単純です。だから数少ない社員で、きわめて効率的にまわしていくことができました。

独自のアイデアでオリジナル商品を開発するようになり、これによって商品の企画製作のプロセスは増えましたが、粗利計算、販売管理、在庫管理など、基本的な販売の方法は、調達品を買いつけて販売していたときと変化がありませんでした。変化しなかったのは、変化しなくても困らなかったからですが、その内実には力不足で変化できなかったという理由が潜んでいました。

ようするに、ある商品を開発して、売れるだろうと思える量だけ製造して売ったら、それで売り切れにしてしまう。よほど注文残があれば、増産するケースもありましたが、多くの場合、次のアイデア商品へ向かって走っていました。自転車操業というものですが、目先の次の商品に夢中になっていれば、それが利益を現実に増やしていたし、同時に不安解消になっていたからです。

だから次から次へと、新たなアイデア商品を開発し続けていました。例外的にいくつかのロングセラーの商品もありましたが、積極的にモデルチェンジに挑戦したり、商品を改良進化させて、ひとつのアイデア商品を長期間にわたって売り続けていくというビジネスモデルに取り組もうという積極的な姿勢がありませんでした。いや、結果論的に言えば、モデルチェンジをしたくても、そのような継続的な技術開発をしていく実力が伴っていなかったのです。

商品企画と製品企画

メーカーが商品を企画開発して、製造し販売するとき、二つの段階に分けて仕事を進行するのがスタンダードなやり方です。商品のアイデアをまとめる商品企画の段階と、そのアイデアを商品として大量生産できるまでに成立させていく製品企画の段階です。

製造工場を持たないファブレスメーカーであるサンコーが、オリジナルのアイデア商品の製造販売に踏み込んだ時期は、商品企画をするだけで精一杯でした。大量生産の商品性を高めて練り上げる製品企画の段階を持てなかったのです。

私たちがやっていたことは、商品アイデアをまとめてその機能要件を企画書にし、せいぜいイラストを描いて、製造する海外の工場に試作品を作ってもらう。その試作品を可能なかぎり自分たちのイメージに近づけるために改良の指示をして、製造していました。しかし、海外の工場は距離的にも時間的にも遠く、文化的にも生活的にも異なる社会にある工場なのだから、どうしても痒いところに手が届くような試作を行うには難しいところがありました。中国現地に支社を開いて、どんな遠いところにある工場へも足を運んでフェイス・トゥ・フェイスで打ち合わせをするなど、開発をより円滑に進めようとしましたが、思い描いた通りに仕事が進んだとは言えませんでした。

　ましてやモデルチェンジをして、商品をより便利に使いやすく改良していくことは、難しいというか、私たちにとって不得意なことでした。なぜなら私たちが考え出す商品のアイデアが、一発狙いの単純なアイデアだと思い込んでいるところがあったからです。面白く役に立つ商品だけれど、発展させていく余地を考えていなかったと言えばいいのか、ひとつの商品をじっくりと改良していくよりは、次から次へと新商品を展開していくビジネスモデルを成立させるようなものが多くをしめていました。そのような体質だったのです。

　しかし、サンコーの商品企画部門に、技術者やデザイナーが加わることで、私たちは製品企画まで自前でできるようになり、さらにモデルチェンジといった商品の進化と深化ができるようになりました。

　ただし絶対に誤解しないでいただきたいのは、技術者やデザイナーが加わっただけで、それができるようになったのではないということです。一人ひとりの能力とパワーは大きなものだけれど、たった一人が仲間になったからといって、ガラッと会社の体質が変わるわけがありません。それまで創業以来育ててきた全員でアイデアを絞り出し、不断なく連続的に商品開発を推進してきたことで、サンコー全体のパワーが増強したからこそ、できたことでした。

世界最小の家電メーカーを象徴する

こうして私たちサンコーは「世界最小の家電メーカー」を名乗るのですが、その象徴的な商品は、なんと言っても、ネッククーラーです。

ネッククーラーは、いまや年間五〇万個販売のサンコー史上最大のヒット商品ですが、モデルチェンジと改良を重ねてきて二〇二二年の段階で第五世代になっています。

すでに書きましたが、最初のモデルはパソコン周辺機器のひとつでした。電気が通じると冷えるデバイスがあると知って、それならば首のあたりの肌を直接に冷やす商品を開発してみようというのが最初のアイデアです。さらに言えば、サンコーは首にかけて使う小型扇風機を販売していたので、首にかけて涼をとる商品は、得意な分野の商品でした。

このネッククーラーはモデルチェンジのたびに、着実に改良して使いやすくしてきました。改良しながらモデルチェンジを行う仕事を地道に手がけて、格段に進化させられたのは、商品企画部に技術者とデザイナーが加わってパワーが増していたからです。

その改良ポイントのひとつが電源です。最初はUSBから電源を取っていたのですが、いまや専用の充電式バッテリーを本体に組み込めるようにしています。そのおかげで完全にコードレスになりました。こうなると体を動かして働く現場、たとえば空調設備がない工場、炎天下の工事現場、農業現場、街頭など屋根のないところで働く人たちに、気軽に使っていただけるようになりました。事業主のみなさんにも熱中症を防ぐ効果を認めていただけたので、設備投資として事業所単位で大量に購入してもらいました。日本の蒸し暑くなる地域で使っていただくのはもちろん、世界各国でも役に立てる。USBポートから充電できますので、コンセントの規格を選びませんから、世界的な市場への進出も可能だと思います。

ネッククーラーは、首に装着するというスタイルとシルエットを変化させようがありませんが、それ以外の性能や機能、デザイン、使い勝手は徹底的に改良してモデルチェンジしてきた人気商品です。その商品進化の意義を理解してもらうために、もうひとつ具体的な改良点を紹介しておきたいと思います。

ネッククーラーには、電気を伝えると片面が発熱し、もう片面が冷却されるペルチェ素子と呼ばれる板状のデバイスが使われています。この冷却面がアルミプレートを介して肌を冷やすのですが、ペルチェ素子の反対側の面は熱をおびるため、その熱を内蔵のファンを使って外気へ逃しています。したがって、ネッククーラーには熱を逃がすための空気が通る出入り口としてスリットが切ってあります。ネッククーラーを装着すると、ちょうど鎖骨の上あたりにアルミプレートがくるようになっていますから、ファンやスリットもその近くに配置されています。

このスリットの形状とファンの機能は、何度も何度も試作品を作り、試行錯誤を繰り返しながら仕上げたものです。というのは、超小型とはいえファンなのですから、モーターの作動音や空気が流れる音という問題が、まずひとつあったためです。耳のそばに装着するアイテムですから、その音が騒音のようにうっとうしく感じる人がいるのは当然です。そして、もうひとつの問題は、排熱のため外気を取り入れるスリットに、髪の長い人の毛先が巻き込まれてしまうことでした。

うっとうしく感じる音については、商品企画時点から配慮して音を小さくする工夫を重ねていましたが、髪を巻き込んでしまう問題については二〇一七年の『ネック冷却クーラー&温めウォーマー』発売後、女性ユーザーからご指摘いただいて初めて気がついた問題でした。前述したように、当時のサンコーの商品企画は、女性の視点が不足していることに気がついていなかったのです。

この問題を解決するのは、大変な仕事でした。ネッククーラーが取り入れている空気の量と流れるスピードを調整するために構造を考えなおして、スリットの位置や形状まで仔細に検討し改良を重ねたうえで、さらにデザイン的にもカッコよくしなければなりません。ネッククーラーは首にかけて使いますから、顔のすぐそばに不細工なモノがあるというのは、耐え難いものです。そのために技術者とデザイナーが共同で作業し、機能を技術的に向上させて、なおかつデザインを良くする改良を進めていく必要がありました。

いや、このような技術とデザインの共同作業ができるほどに、サンコーはようやく成長したと言っていいと思います。家電メーカーとしてのスターティングポジションに立つことができたのです。

ライバル商品との熾烈な競争

サンコーの代表的な商品になったロングセラーのネッククーラーは、あらゆる意味で今日のサンコーを象徴する商品になりました。

熱中症を予防するために体の一部を冷やす商品は、保冷剤を使ったモノや、大掛かりな水冷式のクールベストなどが昔からありましたが、ネッククーラーのように小型軽量の電気商品はなかったと思います。したがってネッククーラーは発明的な商品ですが、第一章で述べたように意匠登録をするだけで特許を取得していません。正確に言えば、していないのではなく、取得できなかったのですが、いま思えば、もし特許を取得できたとしても安くない経費がかかるし時間もかかります。そんなことをしているよりは、どんどん新しいアイデアを出して性能やデザインを、ますます充実させていく方がはるかに重要です。

しかし商品というものは、人気が出て売れ行きを伸ばせば、必ずライバル商品が現れてきます。そこから競争が始まる。商品アイデアにしても販売アイデアにしても、全面的な切磋琢磨をせざるを得ません。

この競争では、先発のオリジナル商品が売り勝てるという保証がありません。後発のライバルに追い越されてしまうことも少なくないことはみなさんもご存じのとおりです。そのような厳しい競争になりますが、それは市場経済をやっているかぎりにおいて絶対に避けられませんから、文句を言わずに引き受けるしかありません。競争の勝ち負けは、お客様が決めることですし、敗北の原因は常に自分たちにあります。相手が強かったとか運が悪かったと敗北を分析しているようでは、いつまでたっても勝てないと思います。

人生にせよビジネスにせよ、勝負はいつも一発勝負ではなく、リーグ戦ですから、勝ったり負けたりして勝負を展開していくものです。だから大切なのは負けたときにクールに分析することだと私は思います。負けを自覚し、その敗北の原因は自分たちにあったという視点で分析しておかなければ、二度と勝てないとさえ思います。

ネッククーラーが大いに売れ始めたとき、同じようなコンセプトのライバル商品がさっそく登場してきました。このライバル商品は、私たちのネッククーラーによく似たコンセプトとスタイルだったので、私たちは性能と機能とデザインを改良したモデルチェンジで応戦し、圧倒的な優勢を保つことができました。類似のライバル商品に対しては、先発商品として発想も技術も一歩も二歩も先んじていることで負けずに済みました。

ところが、熱中症予防における電気製品の有効性を大企業が認め、商品を開発して大量投入するようになると、これは気になりました。なにしろ大手の電機メーカーが開発していますから、高機能かつ高性能なものでした。装着する人の体温をはじめとする体調データを計測して、その体調に応じた体温冷却をしてくるような高機能を持っている。そのためネッククーラーより高価格ですが、大企業や大組織が労働環境の改善のために、設備として納入し作業者に与えるわけですから、パーソナルユースの商品より高価格になっても大量一括購入してもらえます。

このときは大手メーカーによるライバル商品だと意識しつつも、直接の競争相手だと考えない、巻き込まれない戦略をとりました。ネッククーラーを高機能化することを考えなかったわけではないのですが、高機能にすれば必ず大きく重く、そして高価になります。たしかにこの大手メーカーのライバル商品は、腰にベルトで装着するぐらい大きいものでした。

私たちのネッククーラーの人気は、小さくてシンプルで低価格であることです。この三つの要素を磨けば、高機能で高額のライバル商品と共存しながら、売り上げをさらに拡大していくことができると判断しました。この判断は正解だったのでしょう。実際にその通りの結果になっています。

第三の成長期に到達

こうして現在のサンコーは、世界最小の家電メーカーの基礎を固める、第三段階の成長期に突入しています。

第一段階は、言うまでもなく創業期で、それは年商五億円を超えるまででした。第二段階は年商一〇億円を超えるまでの長い一〇年間です。この一〇年間は、私の社長としての成長が遅れたために停滞した時期でもありましたが、世界最小の家電メーカーが芽生えた段階でもあります。その意味で大いなる意義がありました。

そして二〇一八年あたりから始まった第三段階は、世界最小の家電メーカーとして、継続的なモデルチェンジを実現する基礎的な開発力をつけて、販売を大規模に展開していくビジネスモデルを構築する段階に突入しています。年商は四四億円を超えました。

私は、この第三段階を、第二の創業期だと位置づけています。この段階からサンコーはビジネスの姿とカタチを変えていくからです。

二〇二〇年の新年には、秋葉原の大通りにあるインテリジェントビルのワンフロアを借り、それまであちこちに分散していた事業所を集合させて、本社機能を強化しました。広い一部屋に社長や役員の机も社員と同列に並ぶ一体感のあるオフィスになり、十分な広さのミーティングルームや撮影スタジオ、会議室、応接室が揃いました。

その秋には、上階のワンフロアが空いたので、そこを借りて商品企画の工房を開設しました。工房ですから事務机のみならず、大きな作業台やNC旋盤やマシニングセンタといったコンピュータと連動して立体部品を削り出す切削機械、3Dプリンター、塗装ブースなどを設備しました。これによって試作品を社内で製作することができるようになったのです。これは研究開発にとって実に大きな機能強化になりました。

この工房を企画するミーティングには私も出席して意見を言ったのですが、結局、現場のスタッフがやりたいように企画したものになりました。私が指示した新商品の試作品製作を可能とするという機能は満たされてはいたけれど、それ以外は商品企画のスタッフの自主性が強く発揮された工房になったのです。工房のど真ん中には、どういうわけか大きなバーカウンターがありミーティングスペースを兼ねています。工房の一部はリビングルームや和室四畳半を模した撮影スタジオになっています。他社のみなさんに工房を見学していただくと「働いている雰囲気も設備も、美術大学の実習室みたいだ」と言われました。自由に発想して、現物を作り込んでいく、モダンな工房の雰囲気があるからでしょう。

いままでサンコーがどういう会社か、説明するために商品を見せてご理解をいただいていましたが、これからは商品企画の工房を見学してもらえれば、さらにより良くサンコーの本質をご理解いただけるようになったと思います。どういう会社か、見てわかってもらえるのは、とっても大切なプレゼンテーションです。

こうしてアイデア商品を企画していく部門が厚みを増して、新商品の新規開発と改良継続が十分に円滑にできるようになりました。調達品の輸入販売は完全に基礎が固まっています。ビジネスモデルもBtoBとBtoCをきっちり分けて考え対応できます。

アジアやアメリカ、ヨーロッパといった国際市場を開拓するために、香港の商社と代理店契約するなど、手を広げました。

なぜなら、サンコーが得意とする、お一人様家電や時間を節約できる時短化家電を必要とするお客様、そして面白い家電を生活に役に立てて楽しく暮らしたいお客様は、全世界に存在するからです。

あと数年で、サンコー株式会社は、社員が二倍ぐらいに増えて一〇〇人の会社になるかもしれません。しかし大きな会社になることが目標ではありません。必要に応じて大きくなれば、それで良しです。私は大きな会社になるより、高い価値のある会社にしたいと考えているからです。世界中の人びとの生活のお役に立つ商品を提供する、社員が働きやすい会社になればいいと思っています。

そのときも、サンコーは世界最小の家電メーカーでありたいと思っています。しかし、現実には、世界各地で私のように家電メーカーを創業する若い人が出ているでしょうから、世界最小の家電メーカーは次々と生まれています。だからサンコーは、いつまでも世界最小の家電メーカーと謳っているわけにはいきません。だけれど世界最小の家電メーカーと呼ばれることは、私たちサンコーが誇りとすることです。

私のたったひとつの目標は「面白くて」「役に立つ」家電商品を廉価で提供することです。サンコー株式会社の社長をやっているかぎり、このひとつに尽きます。

あとがき

読者のみなさまに心よりお礼を申し上げます。

最後まで読んでくださり、どうもありがとうございました。

日頃よりサンコーの商品をご愛用いただいているお客様のみなさん、そして起業とはどういうものなのかを知りたいみなさん、起業してみようと考えているみなさん、日々の仕事のなかで企画やアイデアを担当しているみなさんへ「世界最小の家電メーカー」の社長の立場から、お役に立つだろうと思えることを、あれこれぎゅっと詰め込んで語りました。

平々凡々の私にとって、起業は夢でも冒険でもなく、日々の生活をちょっとでも豊かにしたいと、もがいているうちに気がついたら、会社を起こしていたとしか言い様がないことでした。

金銭欲や物欲がないとは言いませんが、それほど旺盛ではなく人並みで、ビジネスを学んだわけでもありません。すべて実学です。いや、実学などと言うのはカッコ良すぎる。何度も失敗を経験しながら大失敗しないようにしてきただけです。それでも会社を潰すことなく成長させて、年商四四億円をあきなう「世界最小の家電メーカー」を名乗るところまできました。

誤解を恐れずに私の心境を言えば、日給月給のアルバイトから会社員になって働いてきたと

き と同じような気持ちで、私は起業して社長をやってきました。仕事をするということは、社員も社長も同じではないかと私は思っているぐらいです。たしかに社長になれば責任は増えるし、仕事が忙しくなる。だけれどそれは社員でも、働くことの責任は同じことだろうと私は思います。

仕事が面白くて懸命になって働いている、というのも会社員時代と変わりない気持ちです。面白くて役に立つ商品を企画し販売する仕事は、いまも熱中できる仕事です。まったく飽きてはいません。

これからもサンコーの社長でいるかぎりは、面白くて役に立つ、お一人様用家電や時間を合理的に使える家電を、どんどん企画して販売し、世界中の人びとに生活を楽しんでいただきたいのです。サンコーはもっともっと面白く、もっともっとお役に立つ、家電商品をみなさまへお届けする所存です。

しかしながらヘンなことを言い出すようですが、私はサンコーを起業して今日まで社長をつとめてきましたが、その結果、起業をするというのは面白いなと考えるようになりました。たしかにサンコーを創業したのですが、私にとってはＭａｃに魅せられ学生アルバイトで働き始めてから今日までが、ひとつの流れになっていて、ことサンコーについては起業したという実感がないのです。新しいユニークな価値のある仕事を発案して、そのために会社を創業したわけではないからでしょう。流されるように生きてきた、そのひとつとして起業があり、それを経験してみたら、起業は面白いと知ったのです。

だから私のいまの夢は、まったく新しい分野のオリジナリティのある仕事で起業してみることです。そのアイデアは数年前から私のなかだけで温めています。

とはいえ、サンコーの株式を公開することがあれば、そのときの大いなる感動と、その後の生きがいのある仕事で、私の起業してみたい夢は満たされてしまうかもしれないと思ってもいます。

私は自分の夢に向かって、まさに無我夢中で一直線にアクセル全開で加速することの、その気持ちよさとスリルが好きなだけなのかもしれません。

この新書を上梓するためにお世話になったすべてのみなさまへお礼を申し上げます。

本書はサンコーの新しい商品のひとつだと思って書きました。サンコーの商品と同じく「面白く」「お役に立つ」本になっていれば、これに勝る喜びはありません。

二〇二二年五月吉日

山光博康

山光博康 やまみつ ひろやす

サンコー株式会社代表取締役社長。一九六五年、広島県生まれ。アップル好きが高じて秋葉原のパソコンショップに就職し、パソコン周辺機器の輸入販売に携わる。そのノウハウを活かして二〇〇三年にサンコーを起業。「面白くて役に立つ」をキーワードにパソコン周辺機器の輸入販売に取り組む。オリジナル商品の開発や家電分野への進出により、一六年に一〇億だった売り上げを、二〇年には二・五倍の四四億円へと押し上げ、急成長を遂げる同社を牽引している。

インターナショナル新書一〇三

スキを突く経営

面白家電のサンコーはなぜウケるのか

二〇二二年六月一二日 第一刷発行

著　者　山光博康

発行者　岩瀬 朗

発行所　株式会社 集英社インターナショナル
〒一〇一-〇〇六四 東京都千代田区神田猿楽町一-五-一八
電話 〇三-五二一一-二六三〇

発売所　株式会社 集英社
〒一〇一-八〇五〇 東京都千代田区一ツ橋二-五-一〇
電話 〇三-三二三〇-六〇八〇(読者係)
〇三-三二三〇-六三九三(販売部)書店専用

装　幀　アルビレオ

印刷所　大日本印刷株式会社

製本所　加藤製本株式会社

ISBN978-4-7976-8103-1 C0234

インターナショナル新書

100
リベラルアーツ
「遊び」を極めて賢者になる
浦久俊彦

リベラルアーツの本質は「人生を遊びつづけるためのわざ」。その極意を江戸の暮らしなどから学び、具体的に仕事や教育にどう活かすか、古今東西の名著を引きながら論じる。画期的なリベラルアーツ本。

101
わたしの心のレンズ
現場の記憶を紡ぐ
大石芳野

ベトナム、カンボジア、アウシュヴィッツ、そして広島、長崎、沖縄……。戦争の悲劇に襲われた地で撮影、取材を続け、各地の生活を見て来た著者の思い。今、共生と共存を考えるためのヒントがここにある。

102
戦国ラン
手柄は足にあり
黒澤はゆま

戦国時代を生きた人々は、とにかく歩き、そして走った。戦いの道を歴史小説家が実際に走り、武将たちの苦難を追体験。現場を足で辿ることで、文献史料を読むだけでは分からない、武将と合戦の実像が見えてくる⁉

104
シャーロック・ホームズのすべて
ロジャー・ジョンスン
ジーン・アプトン
日暮雅通＝訳

一九世紀後半に登場して以来、探偵の代名詞として常に最高の人気を保ち続けるホームズ。フィクションのキャラクターという枠を超えて、世界中の人々を魅了し、影響を与える名探偵に関するトリビアを網羅。